기본
퍼머넌트
정석

기본 퍼머넌트 정석

김세욱 조 민 현경화

구민사 Technology Computer
www.kuhminsa.co.kr

머리말

여러 가지 범주의 미용시술 중에 무엇이 중요하고 중요하지 않다고 정의내릴 수는 없지만 퍼머넌트 웨이브가 가장 중요한 시술 중의 한가지라는 것에 이의를 제기할 사람은 없을 것이다.

퍼머넌트 웨이브는 현장에서 가장 빈번히 시술되고 있고 그만큼 미용인으로서 반드시 숙지해야 할 전문적인 미용시술이다.

어느 정도의 숙련기간을 거쳐서 기본적인 테크닉은 익힐 수 있겠지만, 탄탄한 이론적 지식 없이 시술할 때는 한계를 느끼게 되는 시술이라고도 할 수 있다.

과거에 도제적인 수업으로 익힐 때에는 알려주고자 하는 바와 배우고자 하는 바의 접점이 늘 아쉬운 곳에서 만날 수밖에 없었고, 어렵고 해결 안 되는 것들을 경험이라는 것으로 넘어서온 것을 우리는 보아왔다.

경험이라는 것은 너무나 소중한 것들이고, 특히 미용현장에서는 매우 가치 있는 것이지만, 기본적인 이론의 숙지와 화학적인 제품에 대한 이해가 선행된다면 불필요한 실패와 어려움은 어느 정도 건너뛰면서 걸어 나갈 수 있을 것이다.

이 책에서는 너무 방대한 내용을 다 담으려고 하기보다는 적어도 이런 정도의 내용은 갖추고 나가야 하지 않을까 하는 관점에서 편안하게 정리하는 느낌으로 제작되었다.

이 책을 통해 처음 퍼머넌트 웨이브를 접하거나 기본적인 것들에 대해서 가볍게 정리할 수 있는 자료로 사용된다면 더할 나위 없는 보람이 될 것이다.

끝으로 도서출판 구민사 사장님 , 과장님 이하 편집부 여러분들의 많은 노고에도 감사를 전한다.

저자 올림

CONTENTS

The history of the permanent wave
1. 퍼머넌트 웨이브의 역사 9

What is the permanent wave?
2. 퍼머넌트 웨이브란 무엇인가? 11

Hair science and Permanent wave
3. 모발과학과 퍼머넌트 웨이브 13

1) 모발의 성분 13

Permanent wave solution
4. 퍼머넌트 웨이브제 15

1) 퍼머넌트 웨이브제의 종류 • 15
2) 퍼머넌트 웨이브제의 조성 • 16
3) 퍼머넌트 웨이브제의 사용방법 • 18

5. 펌의 원리 21
6. 펌의 종류 23

베이직 펌 • 23
다이렉트 펌 • 24
아이롱 펌 • 24
셋팅 펌 • 25
판넬 스트레이트 펌 • 26
매직 스트레이트 펌 • 27
롤 스트레이트 펌 • 27
트위스트 뿌리 펌 • 28
르네상스 펌 • 29

7. 펌시술 과정 31

8. 펌으로 인한 문제점 및 대처법 35

1) 두피, 모발 관련 문제 • 37
2) 퍼머가 되지 않는 경우 • 38
3) 색의 유실 및 퇴색 • 38

9. 펌과 컬러링의 동시 시술 39

10. 퍼머 이후의 트리트먼트 43

11. 헤어디자인의 이해 45

12. 모발의 화학결합 55

1. 펩티드 결합 (세로결합, 주쇄결합) • 55
2. 수소결합 (가로결합, 측쇄결합) • 56
3. 염(이온)결합 (가로결합, 측쇄결합) • 56
4. 시스틴(이황화) 결합 (가로결합, 측쇄결합) • 56

13. PH의 정의 59

1. pH의 정의와 원리 • 59
2. 이온, 산성, 중성, 알칼리성 • 60
3. pH 측정 • 60
4. 모발, 피부, 두피의 pH • 61
5. pH가 모발에 미치는 영 향 • 61

14. 펌의 화학적 이론 63

1. 펌의 원리 • 63
2. 펌제 안의 알칼리제의 역할 • 64
3. 알칼리제의 종류와 특징 • 64
4. 환원제의 종류와 특징 • 65
5. 산화제의 종류와 특징 • 65
6. 중간린스의 효과 • 66

15. 펌 시술에 필요한 준비 67

16. 펌 디자인 이론 69

1. 일반 와인딩(가로 와인딩) • 73
2. 세로 와인딩 • 79
3. 발롱 와인딩(장롯트 가로 와인딩) • 89
4. 디지털 펌 • 95
5. 셋팅 펌 • 103

1. 퍼머넌트 웨이브의 역사

The history of the permanent wave

탐스럽고 아름다운 웨이브에 대한 인류의 소망은 아주 오래전부터 시작되었다.

역사라고 정의 내리려면 역사적인 사료, 즉 문헌이라든지 유물 등의 구체적인 증거가 있어야 하기에 현대적인 의미에서의 퍼머넌트 웨이브라면 19세기에서부터 시작하는 것이 바람직 할 것이다.

그러나 기원전 고대 이집트 시대나 그리스와 로마시대의 조각품들 중에서 다양한 모양의 곱슬머리를 발견할 수 있는데 이러한 컬과 웨이브는 엄밀한 의미에서 퍼머넌트한 것이라기보다는 일시적인 세팅에 가까울 것이라고 추측된다.

그 시대에 사용된 방법을 정확하게 알 수는 없으나 원시적인 방법들을 통하여 다양한 웨이브나 컬을 만들려고 한 시도가 있었다는 것을 추측할 수 있을 것이다.

여러 학설에 의하면 나일 강의 진흙을 모발에 바르고 둥근 막대기에 말아 태양열로 말려서 웨이브를 만들었다거나 진흙으로 만든 작은 원기둥 모양의 롤러에 젖은 모발을 감아서 뜨겁게 달구어 어느 정도 유지되는 웨이브를 만드는데 사용하였다.

그러나 19세기의 과학과 공업의 급속한 발달로 여러 가지 기구와 퍼머넌트 웨이브제가 개발되었으므로 이 시대에 이르러서 현대적 의미의 퍼머넌트 웨이브가 시작되었다고 할 수 있으므로 이 시대를 중점적으로 살펴보고자 한다.

현대적 의미의 퍼머넌트 웨이브

마르셀 그라또우에 의해서 1870년에 웨이브를 만드는 기계가 발명되었다.
이 기구를 마샬이라고 부르며 이때 만들어진 웨이브를 마샬웨이브라고 부른다.

1906년에는 칼 네슬러가 실제 고객에게 처음으로 퍼머넌트 웨이브를 시술하였다. 우선 모발에 붕사를 바르고 금속성의 원기둥 모양의 롤러에 감아준 다음 150℃ 정도의 열을 가하여 웨이브를 만들었다.

한편 조셉 마이어는 막대 모양 또는 나사모양의 기구 위에 모근부터 와인딩하던 방식과는 다르게 모발 끝부분부터 와인딩 할 수 있는 납작한 모양의 기구를 발명하였다.

그후 여러 학자들에 의해서 열을 사용하지 않고 시스틴 결합을 전달하여 웨이브를 만드는 연구가 계속 되어 치오글리콜산을 기반으로 한 콜드 웨이브의 원리도 소개되었다.

1940년대 이후로는 알카리성을 기초로 하는 새로운 퍼머넌트 방법이 확산되었고 산성퍼머넌트와 모발 구조에 덜 자극적인 다양한 방법들이 지속적으로 개발되었다.

2. 퍼머넌트 웨이브란 무엇인가?

What is the permanent wave?

퍼머넌트 웨이브를 사전적으로 살펴보면 퍼머넌트(permanent), 즉 오래 지속되는 이라는 뜻과 웨이브(Wave)로 이루어져 있다. 즉 일시적인 컬이 아니라 오랫동안 지속되는 웨이브를 만드는 방법을 말하는 것으로 화학약품 또는 열의 작용으로 모발에 변화를 주어 오래 지속될 웨이브를 만들어 내게 된다. 대중적으로는 퍼머넌트 웨이브(permanent wave)를 줄여서 perm(펌, 퍼머)라고 불리고 있다.

퍼머넌트 웨이브는 모발의 원래 텍스츄어(texture)를 변형하여 새로운 질감을 만들게 된다. 텍스츄어는 사전적인 의미로는 질감이라는 뜻인데 스트레이트헤어가 부드럽고 매끈한 촉감이라면 매우 곱슬거리는 프리지(frizzy)한 헤어는 요철때문에 조금 더 퍼석퍼석한 느낌을 주게 될 것이다. 또한 시각적인 텍스츄어로 이해할 수도 있는데, 이러한 모발의 질감은 퍼머를 통해서 잘 표현해 줄 수가 있다. 예를 들면 숱이 적고 스트레이트한 헤어는 청순하고 이지적인 느낌을 주고 강하고 풍성한 컬은 훨씬 더 개성있는 이미지를 줄 수 있으므로 퍼머넌트 웨이브를 통해서 개인의 이미지 메이킹에 미치는 영향은 매우 크다고 말 할 수 있다.

퍼머넌트 웨이브를 시술하기 전에는 몇가지 사항들을 고려하여야 한다. 예를 들면 모발의 상태, 그 전의 시술력, 추구하고자 하는 스타일, 현재의 모발색과 퍼머시술 후 컬러와의 관계, 커트의 상태, 시술하려고 하는 약제, 적당한 로드사용 및 섹션, 시술시간 등의 다양한 요소들을 고려해 보아야 한다. 이러한 것들에 대한 종합적이고 다각적인 고려 없이 시술한다면 원하는 결과와 매우 다른 결과가 나오거나 원하지 않는 웨이브, 모발 손상 , 모발 끊어짐 등이 생길 수 있기 때문이다.

예를 들면 헤나파우더를 이용하여 여러 번 시술한 고객의 경우 이를 인지하지 못한 상태에서 퍼머넌트 웨이브를 시술하게 된다면 헤나로 컬러링 된 부분에는 전혀 웨이브가 나오지 않는 결과가 발생할 수 있다.

3. 모발과학과 퍼머넌트 웨이브

Hair science and Permanent wave

퍼머넌트 웨이브는 모발에 화학적인 처리를 하므로 올바르지 않은 약 선정 및 시술을 할 경우에는 모발에 많은 손상을 가져올 수 있다.

그러므로 퍼머넌트 웨이브를 시술하는 모발에 대한 기본적인 이해를 갖추어 화학적으로 어떠한 변화가 이루어지는지 알아야 할 필요가 있다.

1) 모발의 성분

모발은 18 종류의 아미노산으로 이루어진 케라틴 단백질로 이루어져 있다.

아미노산이 모여서 단백질이 되며 그 중에서 케라틴이라고 하는 시스틴성분이 많이 함유된 케라틴 단백질이 주성분인 것이 모발 단백질이다.

조금 쉽게 설명하자면 학생 한명 한명이 아미노산이라면 학생들이 모인 한 반을 단백질이라고 할 수 있고, 그반의 이름이 케라틴이라고 우회적으로 설명할 수 있을 것 같다.

특히 모발의 단백질이 단백질의 특징이 바로 시스틴의 다량으로 들어있다는 것인데 이러한 시스틴 성분 때문에 모발을 태우면 시스틴이 분해되면서 유황 화합물의 냄새가 나게 된다.

케라틴은 모낭에서 만들어지는데, 모세포들이 분열을 일으킬 때 살아남지 못한 세포들이 구성하는 것이므로 죽은 조직들로 이루어져 있다. 그러나 케라틴은 매우 단단한 구조로 이루어져 있으며 결합 또한 매우 단단하기 때문에 물리적인 외부 환경에는 매우 강한 편이다.

그렇지만 상대적으로 알칼리와 열에는 비교적 약하다고 할 수 있다.

모발을 구성하는 이러한 케라틴이외에 수분, 지질, 미량원소 등으로 이루어져 있다.

4. 퍼머넌트 웨이브제

Permanent wave solution

사람의 모발은 모질, 굵기, 모량, 손상도 등 개인마다 많은 차이가 있는데 이러한 모질을 파악하여 적절한 웨이브제를 선정하는 것은 퍼머의 결과에 많은 영향을 미친다.

모발은 물리적인 원인이든 화학적인 원인이든 한번 손상이 되면 다시 재생이 불가능하기 때문에 더욱 신경을 써서 모발의 상태에 맞는 퍼머넌트 웨이브제를 사용하여야 한다.

1) 퍼머넌트 웨이브제의 종류

치오계 콜드 2욕식(ph 4.5~9.6)

치오글리콜산(thioglycollic acid)또는 그 염류를 주성분으로 하는 퍼머넌트 웨이브제

치오계 가온2욕식 (ph 4.6~9.3)

치오글리콜산(thioglycollic acid)또는 그 염류를 주성분으로 하며 열을 가함.

시스계 콜드 2욕식(ph 8.0~9.5)
시스틴(cystine)을 주성분으로 하는 콜드 2욕식 퍼머넌트 웨이브제

시스계 가온 2욕식(ph 4.0~9.5)
시스틴(cystine)을 주성분으로 하는 가온 2욕식 퍼머넌트 웨이브제

치오계 퍼머넌트 웨이브제 (ph 9.4~9.6)
치오글리콜산 또는 그 염류를 주성분으로 하는 웨이브제

2) 퍼머넌트 웨이브제의 조성

퍼머넌트 웨이브제는 모발의 구조를 변화시켜서 웨이브를 형성하거나 곱슬 모발을 직모로 변화시킬 때 사용한다.

이러한 스타일을 얻을 수 있는 동시에 모발에는 필연적으로 손상을 가하기 쉽다. 퍼머넌트 웨이브제의 요소는 웨이브를 만드는 형성능력과 모발의 손상을 최소화하는 트리트먼트제의 성분을 함유하고 있다.

(1) 퍼머넌트 웨이브 1제(환원제)

성분

환원제로는 치오글리콜산, 치오 글리콜산 암모늄, L-시스테인, DL-시스테인, 시스테아민, 아세틸시스테인 등이 있다.

이와 함께 암모니아 , 모노에탄올아민, 탄산수소 암모늄 등의 알칼리제가 첨가된다.

또한 안정제, 킬레이트제, ph조절제, 계면활성제, 트리트먼트제 등이 첨가된다.

환원제의 역할

우선 환원제는 모발내의 시스틴결합을 자르는 역할을 한다. 우선 치오글리콜산은 침투력이 높고 웨이브를 만드는 폭이 넓다. 반면 시스테인은 모발을 구성하는 성분과 같아서 매우 부드러운 텍스츄어를 얻을 수 있다. 하지만 침투력이 치오글리콜산에 비해서 떨어진다.

최근에는 반복적으로 시술해도 모발 본래의 탄력성을 높여주고 윤기를 주며 다른 성분에 비해서 손상도가 적은 시스테아민이 많이 사용되고 있다.

알칼리제의 역할

우선 알칼리제는 모발을 팽창, 연화시켜서 퍼머제의 침투를 높여주는 작용을 한다. 암모니아, 모노에탄올 아민 등이 있으며 배합하는 종류에 따라서 퍼머제의 작용이 달라진다.

(2) 퍼머넌트 웨이브 2제 (산화제)

성분

브롬산 나트륨, 브롬산 칼륨, 과산화 수소 등의 산화제와 퍼머넌트 1제와 작용에서 상승효과를 주는 여러가지 다양한 배합성분이 첨가되어 있다.

산화제의 역할

산화제는 퍼머넌트웨이브 1제에 의해서 잘려진 시스틴 결합을 다시 재결합시켜주는 작용을 한다.

이중 과산화수소는 반응이 빨리 일어나고 산화력이 강하며 다른 산화제에 비하여 시간이 단축된다. 산화작용이 강한 대신에 모발의 손상과 변색이 빠른 편이며 방치시간을 5~7분 정도이다.

또한 브롬산 나트륨타입의 산화제는 웨이브의 형태를 고정시켜주고 유지시켜 주는 작용이 우수하다. 산화작용은 과산화 수소에 비하여 상대적으로 약한 편이나 모발의 손상과 변색이 적으며 도포 후 방치시간은 10~15분 정도이다.

3) 퍼머넌트 웨이브제의 사용방법

사용법에 따른 분류

1욕법

환원제만 도포하는 방법이다. 퍼머약 1제(환원제)를 도포하면 공기중의 산소로 자연 산화시키는 방법이다.

2욕법

환원제를 도포하고 2제인 산화제를 도포하는 방법으로 가장 많이 사용되는 방법이다.

3욕법

우선 1액을 도포하여 팽윤 및 연화를 시키고 다시 1액을 도포하여 이번에는 환원작용을 한 뒤에 2액을 이용하여 산화작용을 하는 방법이다.

(2) 가온여부에 따른 분류

시술 중에 열을 사용하는지 아닌지에 따라 나누는 방법이다.

히트펌(heat perm)

두발에 열을 가하는 방법으로 뜨거운 스팀이나 전기 등의 열을 기계적으로 응용하거나 특수 금속의 히팅클립을 가온하여 와인딩한 로드에 감아주는 방법 등이 있다.

콜드펌(cold perm)

상온에서 열을 가하지 않고 사용하는 방법으로 현재 일반적으로 사용되고 있는 방법이다. 특히 2욕식의 방법이 가장 대중적으로 사용되고 있다.

(3) 악제의 종류에 따른 분류

치오글리콜산
- 강한 환원력
- 모발손상 유발 할 수 있음
- 건강모, 버진헤어 등에 적합

시스테인
- 치오글리콜산에 비해서 환원력이 약함
- 반응촉진을 위해 가온이 필요함
- 가격이 고가임
- 손상모에 사용함

산성
- 치오클리콜산

5. 펌의 원리

퍼머넌트 웨이브 1제를 도포하면 모발내의 간충물질이 연화된다. 그 다음에 로드를 통해 원하는 웨이브를 만들기 위해 와인딩을 하고 컬이 만들어지게 되면 2액으로 컬의 모양을 단단하게 고정시키는 것이 퍼머넌트 웨이브의 원리이다.

다시 말하자면 1제가 모발의 섬유조직을 부드럽게하고 부풀린 뒤에 모피질층으로 스며들어서 모발내의 측쇄결합, 즉 시스틴 결합을 끊게 된다.

그런 다음 원하는 로드로 와인딩하여 컬이 만들어지게되면 2제를 이용하여 모발 내부의 시스틴 결합을 재결합시켜 모발구조를 다시 튼튼하게 강화시키게 된다.

이것을 초콜릿으로 비유한다면 단단하고 네모난 모양의 초콜릿을 가열하여 액체상태가 된 다음에 원하는 모양의 틀에 넣은 뒤에 굳혀주면 틀모양의 초콜릿이 되는 것과 같은 원리이다.

퍼머의 원리를 설명해주는 초콜릿 만들기 과정

6. 펌의 종류

베이직 펌

일반적으로 헤어살롱에서 시술하는 가장 기본적인 일반펌을 말한다. 원형로드를 이용하여 시술한다.

프레커트(pre-cut)를 한 뒤 모발진단을 통해 모질에 적당한 약제를 선정하고 가볍게 샴푸한 뒤 1제를 도포한다. 일반원형로드 1~12호를 이용하여 와인딩 하여 주고 모발의 상태에 따라 열처리나 자연방치를 하도록 한다.

테스트 컬을 한 뒤 제 2제를 바르고 5~10분뒤에 로드아웃 하도록 한다.

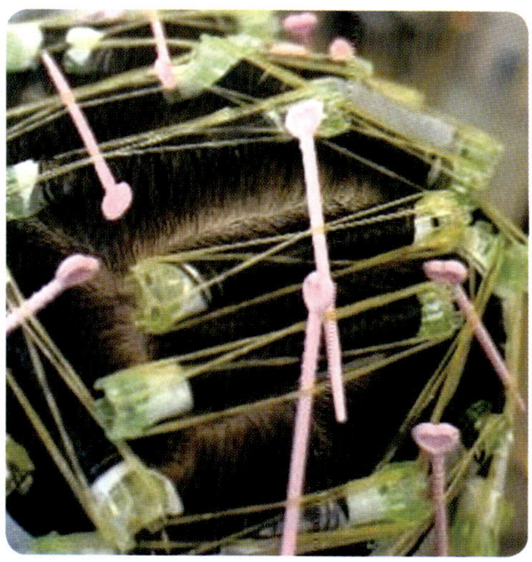

베이직 펌

다이렉트 펌

다이렉트 펌은 둥근 원형 로드가 아니라 요철이 있는 판넬형 로드로 집어서 사용하는 것이 특징이다. 로드를 제외한 모든 시술 순서는 베이직 펌과 동일하다. 원형 로드에 비하여 컬에 릿지가 강하므로 손상도가 높다고 할 수 있으므로 주의를 요한다.

다이렉트펌

아이롱 펌

아이롱 펌은 열펌(heat perm)이므로 콜드 웨이브 용액으로 시술할 때 보다 많은 주의를 요한다. 특히 온도조절 및 수분 조절을 잘 하는 것은 시술 결과의 성패를 좌우하는 중요한 요인이 될 수 있다.

여러 종류의 굵기가 있어서 모발의 길이나 원하는 컬에 따라 아이롱의 크기를 선택하도록 한다.

시술 순서는 우선 모발 진단을 통해 약제 선택 및 디자인을 결정하고 그에 따라 아이롱의 크기도 결정한다. 모발내의 불순물을 제거하기 위하여 샴푸하고 건조한다. 모발에 1액을 도포한 뒤 비닐캡을 씌워 10~20분간 방치한다.

연화가 끝나면 모발을 미지근한 물로 깨끗히 헹구어 모발에 잔류하는 1액이 없도록 한다. 타월드라이로 수분을 제거하며 모발의 손상정도에 따라 수분량을 조절한다. 아이롱 시술 전에 아이롱펌 전용 트리트먼트나 오일을 도포한다.

손상도에 따라 130~150℃사이로 아이롱으로 와인딩해나간다.

와인딩이 끝나면 형태가 망가지지 않도록 망을 씌워주고 2액을 도포한다. 대게는 스프레이형태로 분사하는 식으로 도포한다.

10~15분 정도 자연방치한 후에 린스타 트리트먼트로 헹구어주고 마무리 스타일링을 한다.

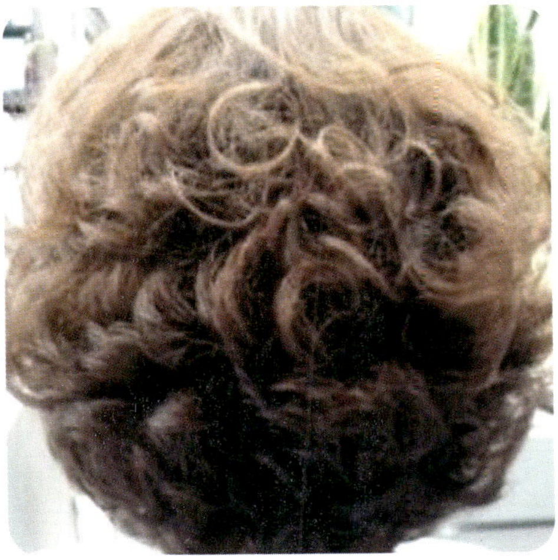

아이롱펌

셋팅 펌

열펌의 대표적인 펌으로서 일반적인 베이직 펌에 비하여 세팅한 듯한 자연스러운 연출이 특징이다. 대게 고온에서 작업하는 경우가 많아 손상도가 있을 수 있어서 주의하여야 한다. 컬이 단단하고 자연스러우면서도 손질하기 편리하다는 장점이 있다. 기본적인 시술과정 중 중 연화, 세척, 타올 드라이 및 건조까지는 아이롱펌과 유사하지만 세팅전용 로드를 이용하여 와인딩을 한다. 전원을 켠 후 5~20분 사이에 중간 스위치를 꺼준다.

로드를 풀고 PH 발란스를 적당히 분사한 후 2액을 5~10분마다 2회 도포한다. 산성샴푸를 사용하여 미온수로 깨끗히 헹구어 낸다. 타올드라이 후 냉풍을 이용하여 건조시킨 뒤 마무리한다.

셋팅 펌

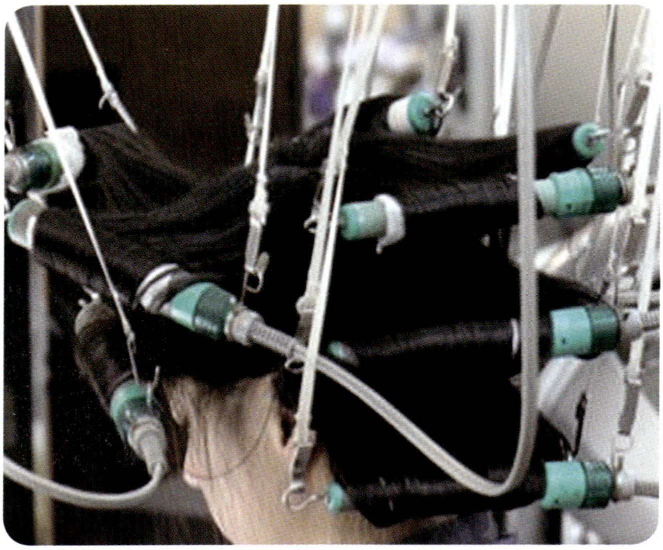

세팅 시술

판넬 스트레이트 펌

판넬을 이용하여 모발을 스트레이트 해주는 방법이다. 샴푸 후 타월드라이하고 6등분으로 브로킹을 한다. 스트레이트 1제를 도포한 다음 약 2~3㎝로 섹션을 뜨고 스트레이트판을 90도 이상 들어 두피에 갖다 댄 후 모발을 가지런히 빗질하고 빗등을 이용하여 판넬에 모발을 밀착시킨다.

핀셋으로 고정하고 엔드페이퍼를 붙여준다. 판넬시술이 끝나면 10~20분간 방치하고 2액을 골고루 도포한다 15~20분 방치 후 판넬 제거하고 샴푸한다.

판넬 스트레이트

매직 스트레이트 펌

매직 스트레이트

선천적인 곱슬머리를 펼 때 효과적인 펌으로 열을 이용하게 된다. 샴푸 후 타월드라이를 하고 스트레이트 펌제 1액을 도포한다. 도포 시에 모근에서 2~3㎝는 반드시 띄워주고 가급적 두피에 닿지 않도록 주의한다.

1액 도포 후에 가온처리를 하는데 모발이 가는 손상모는 7~12분, 보통의 모발에는 15~20분 정도이다. 테스트를 본 뒤에 미지근한 물로 모발을 충분히 헹구어 주고 드라이의 열로 물기를 말려준다. 아이롱의 온도는 모질에 따라 조절하나 160℃ 정도가 적정하다. 매직 아이롱 작업이 끝나면 모발 전체에 2액을 분사하여 도포하여 준다. 샴푸 후에 마무리 스타일링을 한다.

롤 스트레이트 펌

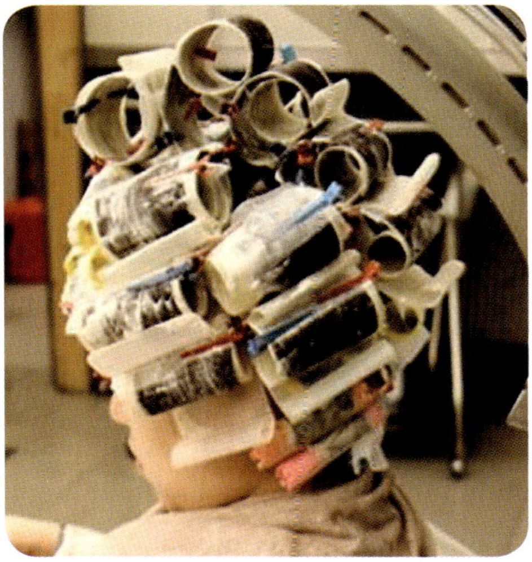
롤 스트레이트

단발길이에 많이 시술하는 펌으로 프레샴푸를 한 뒤 타월드라이하고 1제를 도포한다. 블로킹을 하여 로드의 폭과 길이와 적당하게 섹션을 떠가면서 네이프부터 시술한다. 판넬을 대어주고 아래부분은 2바퀴 정도로 로드에 와인딩하여 연결한다. 핀셋으로 잘 고정하여 주고 전체 모발을 동일하게 시술해 나간다. 모발에 따라 선택적으로 가온처리 하고 방치시간이 지나면 2액을 분사해준다. 15~20분 정도 자연방치 후 헹구어준다. 샴푸 후 마무리 스타일링 한다.

트위스트 뿌리 펌

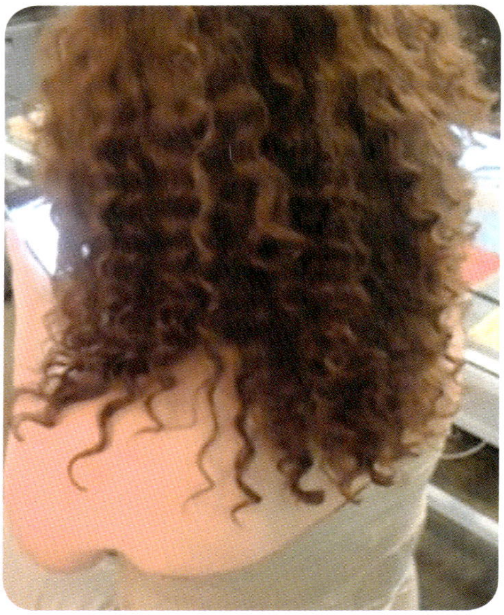

트위스트펌

개성이 강한 스타일로 모근부터 모발 끝으로 와인딩하는 방법이 일반적이며 선택적으로 아래에서 부터 위쪽으로 와인딩 해 나갈 수도 있다. 모발을 샴푸한 뒤에 블로킹을 하고 네이프부터 사선으로 섹션을 뜬다. 이때 모발 끝부분을 조금씩 남기면 조금 더 세련된 느낌을 연출 할 수 있다. 뒷쪽 와인딩이 끝나면 양쪽 사이드를 와인딩한다. 와인딩을 마치고 나면 1액을 다시 한번 충분히 도포해 준다. 트위스트 펌은 대게 긴 머리에 시술하고 시술할 때 모발을 약간 꼬아서 시술하므로 1제를 충분히 도포하지 않으면 컬 생성력이 떨어질 수 있다. 20분 정도 지난 뒤 테스트 컬을 하고 컬이 원하는 만큼 생성되지 않았으면 조금 더 방치한다. 원하는 컬이 나오면 2액을 골고루 도포하고 15~20분 자연방치 후 헹구어 낸다. 샴푸 후 린스하고 마무리 스타일을 한다.

대게 살롱에서는 퍼머 시술 후 플레인 린스와 컨디셔너만 도포하는 경우가 많으나 샴푸를 도포하여 깨끗이 헹구어도 절대 컬이 풀어지지 않는다. 이미 시스틴이 재결합된 이후이므로 샴푸를 사용한다고 하여 풀어지지 않으므로 샴푸사용을 권장하나 대체적으로 샴푸를 하지 않는 경우가 일반화되어 있다고 보이므로 이러한 점들에 대한 인식이 변화되어야 할 것이다.

르네상스 펌

시술결과가 트위스트 펌과 유사하나 전용 롯드를 이용하여 시술한다는 것이 차이점이다. 롯드의 길이가 길어서 모발이 아주 긴 경우에도 사용할 수 있으며 트위스트에 익숙하지 않은 시술자도 조금 더 쉽게 시술할 수 있다. 마지막에 고무줄이 아닌 전용집게로 집어서 고정시킨다.

샴푸 후 타월드라이 하고 브로킹을 나눈다. 경우에 따라서 1제를 전도포하거나 와인딩 후 도포할 수 있다. 시술자의 경험도에 따라 선택적으로 정하도록 한다. 네이프부터 전용로드를 이용하여 네이프에서 탑쪽으로 와인딩한다. 와인딩 후 퍼머 1제를 도포하고 열처리를 포함하여 20여분 경과하면 테스트컬을 보도록 한다. 원하는 정도의 컬이 나오면 퍼머2제를 도포한다. 세척 후에 마무리한다.

르네상스펌

7. 펌시술 과정

우선 고객이 방문하고 시술하기 전 가장 중요하게 생각해야 할 것이 고객과의 상담이다. 고객이 어떠한 스타일을 원하는지, 그리고 그 스타일을 시행할 수 있는 상태와 모질인지, 손상도와 스타일 중에서 어떠한 것에 비중을 둘지, 추후 부가적인 시술, 예를 들면 컬러링을 할 경우에 어떠한 시술부터 하는 것이 바람직할지, 고객이 그 전에 어떠한 시술을 하였는지에 대한 것들을 자연스러운 대화를 통해 알아내야 한다.

예를 들면 고객이 말하는 자연스러운 웨이브와 시술자가 생각하는 자연스러운 웨이브가 틀릴 수 있다는 것이다.
이러한 경우에 고객의 원하는 바를 이해하기 위해서는 시각적인 자료를 동원하여 확인하는 방법이 가장 권장할 만한 방법이라고 생각된다.

또한 사전에 헤나로 두번 이상 시술한 경우 웨이브가 잘 형성되지 않음으로써 이런 식의 정보를 얻어내고 시술가능한지 결정하기 위해서는 충분한 상담이 진행되어야 할 것이다.

퍼머넌트 웨이브의 시술과정

1) 상담

그전에 받은 시술 및 희망하는 디자인 등 다양한 정보를 취합

2) 모발진단 및 퍼머넌트 디자인을 결정

손상도 및 모류, 모질 등을 확인하고 고객이 희망하는 디자인을 확인한 뒤 시술가능한지 판단하고 고객에게 설명

3) 필요한 경우 프레커트 (pre-cut)

희망하는 스타일을 위해서 정리를 해야 할 필요가 있다거나 손상이 된 부분을 정리하고 와인딩 할 수 있도록 정리.

4) 로드 및 약제 와인딩 방법 등을 결정

모발 길이에 따라서, 희망하는 웨이브의 굵기 및 스타일에 따라서 선정.

5) 프레샴푸 (pre- shampoo)

모발의 불순물을 제거하고 약제가 잘 침투하도록 함.

6) 타월 드라이 (Towel dry)

너무 거친 타월드라이는 손상의 원인이 되므로 주의하여 제거.

7) 필요한 경우 트리트먼트

모발 끝쪽이나 손상부위에 트리트먼트를 도포하여 모발내의 다공성을 보완.

8) 블로킹

시술하려는 디자인에 따라 적절한 블로킹을 해줌.

9) 와인딩

1액을 뿌리부분을 닿지 않게 먼저 도포하고 도포하거나, 물로 분무하여 와인

딩 후 도포하도록 한다.
후에 분무하는 경우는 시술시간이 균일하게 되고 과도한 방치가 없어서 손상이 덜하나 점도가 묽은 액체타입의 펌제만 사용해야 한다.
분자량이 큰 제품은 침투가 되지 않기 때문이다.

10) 1액 도포

와인딩을 먼저 한 경우에는 1액을 도포하여 준다.
이때 로드를 돌려가면서 꼼꼼히 도포한다.

11) 프로세싱 타임

필요시 가온처리를 하기도 한다. 20~25분 정도 있다가 테스트컬을 본 뒤에 방치시간을 결정한다.

12) 테스트 컬

로드를 다 제거하지 않고 살짝 풀다가 모근쪽으로 밀었는데 에스자 모양이 나오면 컬이 나왔다고 할 수 있다.

13) 중간린스

웨이브가 나오면 미지근한 물로 충분히 헹구어낸다. 1제가 다 제거될 수 있도록 꼼꼼히 세척한다.

14) 2액 도포

중간린스를 한 뒤 타월드라이를 한 뒤에 2액을 도포한다. 충분히 잘 스며들도록 빠진 곳이 없도록 주의한다. 15~20분 정도 방치한다.

15) 로드아웃

로드를 제거한다.

16) 헹구기 및 마무리

미지근한 물로 깨끗이 헹구어 내고 샴푸와 린스를 한다.
샴푸로 인한 웨이브의 풀림보다 잔류알칼리로 인한 손상이 더 많을 수 있다.

8. 펌으로 인한 문제점 및 대처법

퍼머넌트 웨이브는 화학적인 처리와 때로는 열처리를 동반하며 와인딩 또는 빗질을 통해 물리적인 자극도 가해지게 되므로 필연적으로 어느 정도는 모발의 손상이 따르게 되는 경우가 많다. 또한 시각적으로 촉각적으로는 문제없는 정도의 미비한 손상일지라도 웨이브자체가 나오지 않는 등의 스타일상의 문제점도 발생할 수 있다.

또한 퍼머넌트 웨이브와 헤어컬러링을 동시에 할 경우에는 모발에 가해지는 손상은 매우 커질 것이라고 예측할 수 있다.

한편 현대인의 미에 대한 요구도가 다양해지고 미적인 안목도 상승하였으며 기대치도 높아졌기 때문에 헤어커트, 퍼머, 컬러링과 같은 단일 시술만 가지고는 만족도가 높은 스타일을 제공하는 데 한계가 있어 펌과 컬러링을 동시에 시술하는 경우도 무척 많아지게 되었다.

헤어스타일리스트는 되도록이면 고객에게 몇 가지 시술을 하루에 하는 것은 모발 손상이 될 수 있다는 것을 설명해야 할 의무가 있으나, 모발손상을 감안하더라도 시간상의 제약으로 인하여 중복 시술을 요구하는 고객도 많아지고 있으므로 이에 따라 여러 가지 사항들을 점검하고 판단해야 할 때를 많이 경험하게 될 것이다.

헤어스타일리스트는 고객과 시술자로서 원하는 스타일과 모발의 관리 사이에서 고민해야하며 늘 여러 가지 경우의 수를 고객에게 알려드리고 선택할 수 있는 안내자 역할을 할 수 있어야 한다.

이러한 상담은 헤어스타일리스트가 기본적인 미용이론에 대한 깊이 있는 지식을 가지고 있고 이에 대한 고객의 신뢰가 있어야 하므로, 평상시에 스타일리스트는 자기 개발과 함께 고객들에게 전문가로서의 신뢰를 보여주는 데에도 애써야 할 것이다.

또한 이러한 상황에서 프로로서 갖추어야 할 상황은, 우선 최소한의 손상을 가져오는 시술 방법 및 제품을 선택할 수 있는 능력이 필요하다.

또한 정확한 상담을 통해서 시술의 오차를 줄여 시술의 반복을 최소한으로 줄여 줄 수 있도록 해야 한다. 또한 올바른 절차와 전 후처리에 관심을 두어 모발 및 두피 손상을 최소화할 수 있도록 하고 적절한 트리트먼트를 병행해 주어야 할 것이다.

또한 가정에서의 올바른 관리, 브러싱 방법, 고객 모발에 적당한 샴푸 및 컨디셔너, 스타일 제품 등의 홈케어 제품과 가정에서의 관리 방법까지 제안해 줄 수 있는 능력도 갖추어야 한다.

퍼머넌트 웨이브를 시술할 때 발생가능한 문제점

1) 두피, 모발 관련 문제

컬러링이 된 모발에 퍼머넌트 웨이브를 시술하거나 약간의 시간을 두고 시술을 한다고 하더라도 두피와 모발에 필연적으로 많은 손상을 끼친다. 대게의 펌제와 염모제, 탈색제는 강한 알카리제이기에 두피와 모발에 필연적으로 많은 손상을 가하게 된다. 특히 약품의 특성이 상반되어 예기치 않은 일들이 발생할 수도 있다.

예를 들면 금속성 염모제로 염색을 한 모발에 퍼머를 시술하면 모발과 두피에 많은 손상을 끼치게 된다.

펌으로 인해서 발생할 수 있는 두피관련한 문제점으로는 시술 후 매우 따갑거나 가려움증을 들 수 있다. 퍼머 하기 전 샴푸를 할 때에는 최대한 두피에 자극이 가지 않드록 가볍게 해주어야 하며, 퍼머약을 도포할 때에도 최대한 두피에 닿지 않도록 유의하여야 한다.

또한 퍼머 후 모발이 부스스해지거나 더욱 손상이 되는 경우가 많이 있다.

퍼머넌트 웨이브는 필연적으로 화학적인 약품을 통해서 모발을 손상시킬 수 밖에 없지만 모발 보호제와 적절한 헤어스타일링 제품을 사용하는 것이 바람직하다. 그러나 그러한 제품을 사용하기에 앞서 더욱 중요한 것은 수술시 적절한 프로세싱 타임을 지켜주고 과도한 텐션을 하지 않으며 거친 빗질을 하지 않는 등의 기본을 잘 지키는 시술과정이다.

또한 로드아웃 후에 샴푸를 통해서 깨끗히 약제를 씻어내는 것 또한 건강한 모발을 유지하는 데에 중요한 요소라고 할 수 있을 것이다.

퍼머와 컬러링을 같이 하는 경우에는 될 수 있으면 한가지 시술 후 1주에서 2주 정도의 시간을 두고 하는 것이 좋고, 상반테스트(incompatibility test)등을 통하여 전 시술에 사용한 약품과 사용하려고 하는 약품이 서로 상반되는지를 알아보는 것이 좋다.

상반성 테스트는 과산화 수소와 퍼머넌트 웨이브제를 20:1의 비율로 섞은 다음에 비이커에 담고 모발을 안쪽에서 조금 채취하여 비이커에 30분 정도 담가둔다. 그리고 용기가 뜨거워지거나 머리의 색깔이 변하는지를 관찰하면 된다. 특히 시술 전에는 두피 쪽에 바셀린이나 두피 전용 트리트먼트제를 도포한 뒤에 시술하는 것이 좋다.

2) 퍼머가 되지 않는 경우

헤나나 호두를 이용하여 염색한 모발은 펌 로션의 침투를 막아서 모표피를 열 수가 없다. 결과적으로 성공적인 웨이브를 만들기 어렵다. 또한 과도한 블리치 등으로 인하여 모발 손상이 많은 경우도 웨이브를 만들어 내기 어렵다.

3) 색의 유실 및 퇴색

컬러링을 한 모발에 펌을 하고 나면 기존의 색이 탈색되거나 모발 색이 퇴색되는 경우가 발생 할 수 있다.

또한 산성컬러 후에 펌을 시술하여 색상의 유실이 많아지거나 특히 검은색의 경우에는 더욱 얼룩져 보일 가능성이 있으므로 이러한 점을 고려하여 시술 순서 등을 고려해야 한다.

9. 펌과 컬러링의 동시 시술

1. 퍼머넌트웨이브와 검은색으로 컬러링

보통의 경우 웨이브나 퍼머넌트 웨이브 같은 텍스츄어가 있는 스타일의 경우에는 약간 밝은 색상으로 컬러링하는 경우가 많다. 왜냐하면 빛의 반사로 인해서 웨이브가 더 윤기있고 탄력있게 보이기 때문이다.

그러나 그것은 어디까지나 일반적인 경우이며 웨이브와 함께 검은색으로 컬러링하면 매우 이국적이고 독특한 느낌을 연출할 수 있다.

이러한 경우에는 펌을 먼저 시술한 뒤 검정색으로 컬러링을 하여야 한다.

만약 먼저 검정색으로 컬러링을 했을 경우 모발 속에 존재하는 금속염등과 퍼머넌트 웨이브제가 반응하여 모발에 착색해 놓은 검은색의 색소를 빼낼 수 있기 때문이다.

그렇게 되면 멋지고 세련된 검은색이 아니라 중간 중간 색이 빠져 얼룩이 지는 결과가 나올 수 있다.

그러므로 희망하는 컬러가 검은색일 경우에는 펌을 하고자 한다면 펌을 한 뒤에 컬러링을 하여야 할 것이다.

2. 텍스추어가 매우 강한 컬과 컬러링

아주 강한 텍스추어의 컬과 밝은 색의 컬러링을 같이 하고자 할 경우에는 컬러링부터 하는 것이 좋다. 퍼머넌트 웨이브와 컬러링의 시술순서를 제대로 정하지 못하면 시술시 시술 상의 어려움이 생긴다거나 시술 결과가 좋지 않을 수 있기 때문이다.

밝은 색의 컬러링부터 시술하는 것이 바람직하다고 한 이유는, 우선 텍스추어가 너무 강한 펌을 시술한 뒤에는 빗질을 하기도 어려울뿐더러 빗질로 인해 손상을 일으킬 수 있다. 또한 강한 컬 때문에 염색약을 균일하게 도포하기도 어려울 것이다.

이러한 경우 나중에 컬이 풀렸을 때 색이 얼룩져 있을 수도 있다.

또한 블리치 등의 컬러링으로 인해서 밝은 색과 아주 강한 컬을 얻고자 한다면 컬러링을 먼저 하는 것이 좋겠다.

그러나 염색이나 탈색이후에는 모발이 많이 손상되었기 때문에 탄력있는 컬을 만드는 것이 어려울 수 있으므로 전처리와 후처리에 더더욱 신경을 써야 할 것이며 가급적 텐션을 아주 약하게 하여 와인딩하고 시간을 조금 더 짧게 보는 등의 관심과 정성을 기울여야 할 것이다.

3. 부드러운 느낌의 퍼머넌트 웨이브와 하이라이팅

아주 강하지 않은 부드러운 웨이브에 중간 중간 하이라이팅을 시술하려고 할 경우에는 어떤 시술을 먼저 하던지 상관없으나 하이라이트를 먼저 하는 것이 좋다. 그 이유는 펌을 풀었을 경우 훨씬 더 깔끔한 느낌을 가질 수 잇고 퍼머넌트 웨이브 전에 하이라이트를 시술할 경우에는 위빙테크닉으로 하지 않고 슬라이스 테크닉을 이용하여 도포해 주면 곱슬머리나 퍼머넌트 웨이브가 있는 모발에 깔끔하고 정확한 느낌의 하이라이트 효과를 줄 수 있다.

퍼머넌트 후에 하이라이트를 하게 되면 웨이브로 인해서 정확히 도포하기 힘들 수 있다. 다만 블리치를 이용하여 하이라이트를 할 경우 펌 중화제 도포 후 헹구기 몇 분 전에 도포해 주면 매우 스피드하게 두 가지 효과를 얻어 낼 수 있다.

4. 스트레이트 퍼머와 머리끝단에만 블록 컬러링

커트선을 따라서 정확하게 아래끝단에만 컬러링을 하고 싶을 때는 우선 스트레이트 펌부터 시술하는 것이 정확한 라인을 잡아주는 데 도움이 될 것이다. 이때 컬러링을 시술하는 부분을 제외한 부분에는 베리어 크림(barrier cream)을 도포해주고 모발 아래에 호일을 댄 뒤에 색을 도포해 주면 정확한 라인의 컬러링을 얻을 수 있을 것이다.

5. 검은색 컬러링과 스트레이트 펌

스트레이트한 모발에 어두운 계열로 컬러링을 해주면 더욱 더 윤기있고 머리결도 좋아보이는 효과를 얻을 수 있다.

특히 검은 색으로 컬러링을 하면 매우 이국적이고 신비스러우며 독특한 느낌을 줄 수 있다. 이러한 경우에는 웨이브의 경우와 마찬가지로 스트레이트 펌을 먼저 시술한 뒤 검정색으로 컬러링 하는 것이 좋다.

먼저 컬러링을 시술 했을 경우 모발 속에 존재하는 색소들이 빠져나와 모발의 중간중간이 얼룩지고 색이 빠질 수가 있기 때문이다.

그렇게 되면 멋지고 세련된 검은색이 아니라 중간 중간 색이 빠져 얼룩진 결과가 나올 수 있다.

그러므로 희망하는 컬러가 검은색인 경우에 스트레이트 펌을 하고자 한다면 스트레이트 펌을 한 뒤 컬러링을 하는 것이 좋겠다.

6. 모발 안쪽은 레드컬러의 산성칼라, 모발 윗부분은 레벨 9의 칼라링과 스트레이트 펌

전체염색만 하고 스트레이트 펌을 할 경우에는 염색부터 시술해도 상관없지만 부분적으로 산성칼라를 시술하려면 스트레이트 이후에 시술하여야 한다.

그러므로 이러한 경우에는 모발 전체를 레벨 9로 전체염색을 한 뒤 스트레이트를 시술한다.

염색과 펌을 통해서 모발이 전체적으로 손상되어 있기 때문에 전처리와 후처리에 더더욱 신경을 써야 할 것이며 가급적 스트레이트를 할 때 텐션을 아주 약하게 하여 빗질해 주어야 한다.

산성컬러를 도포하지 않을 부분만 블로킹을 떠 놓은 뒤 나머지 부분은 레드컬러를 도포하여 준다. 시술이 끝나면 잘 헹구어 내고 적절한 트리트먼트를 해주어야 한다.

7. 머리 아랫부분은 모발의 원래색 윗부분만 레벨 9로 염색하고 부드러운 웨이브 펌

펌이나 컬러링 중 어느 쪽을 먼저 시술하여도 상관없다. 원하는 웨이브가 매우 소프트하기 때문에 펌 이후에 염색약을 도포하는 것도 어렵지는 않을 것이다.

다만 너무 약한 웨이브의 경우 염색약으로 인하여 거의 풀어져 버릴 수 있기 때문에 주의해야 한다. 권장되는 것은 이 스타일에서 웨이브에 초점을 둘 것인지 정확한 컬러에 초을 둘 것인지 정하여 액센트가 되는 시술을 하는 것이 정확한 결과를 얻는 방법이 될 수 있다.

10. 퍼머 이후의 트리트먼트

퍼머 이후에 샴푸와 린스를 통해 잘 헹군 다음에 모발의 영양상태를 강화하고 컬에 탄력과 모발에 윤기를 주는 퍼머전용샴푸나 퍼머약의 잔류 알카리 성분을 제거하는 제품을 사용해주는 것이 좋다.

또한 헤어무스, 스프레이, 헤어왁스, 에센스 등을 이용하여 스타일링 하여주며, 집에서도 고객이 혼자서 쉽게 손질 할 수 있는 제품 및 관리법을 알려주는 것이 좋다.

11. 헤어디자인의 이해

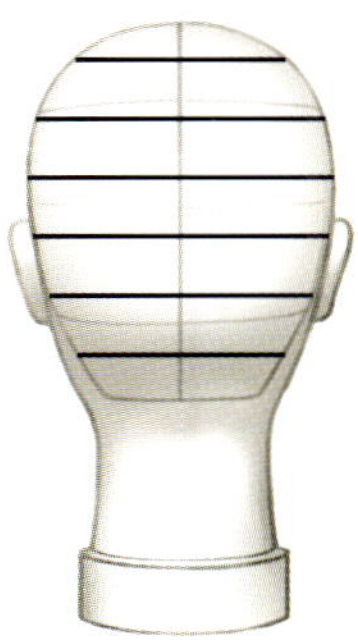

〈Horizontal〉

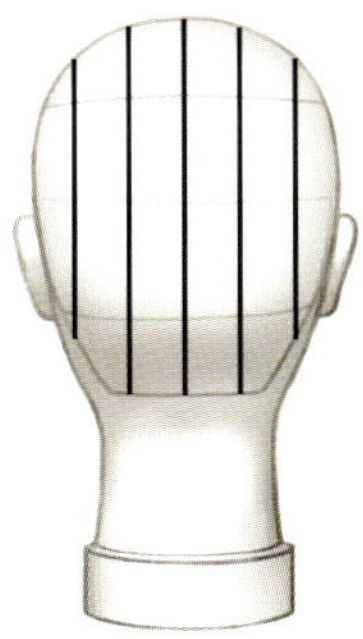

〈Vertical〉

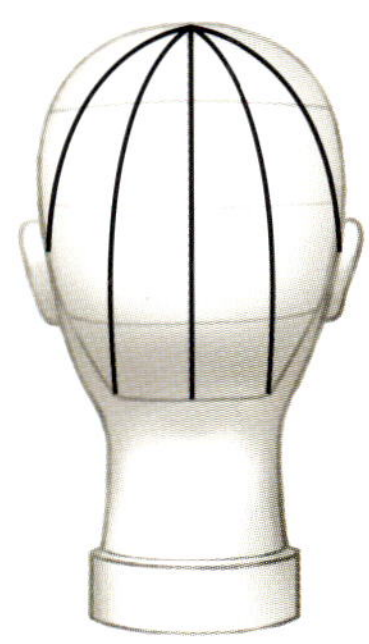

〈Pivot〉

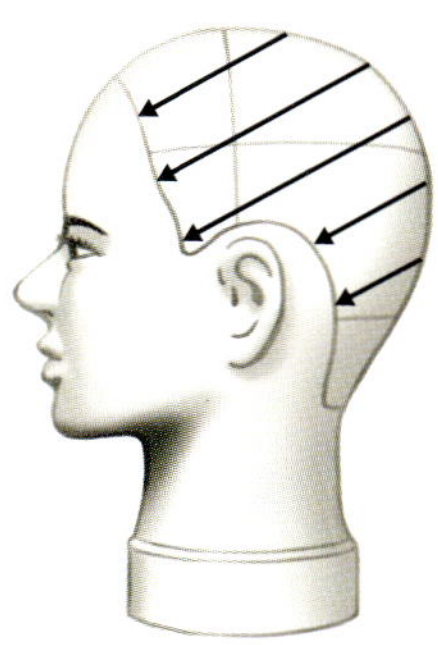

〈Diagonal forward〉

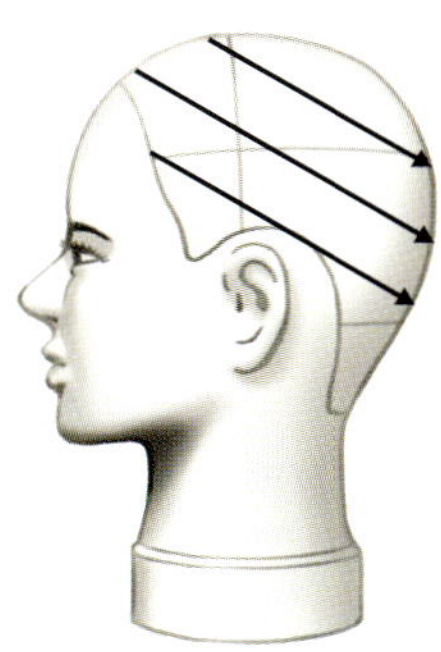

〈Diagonal back〉

모발의 이동

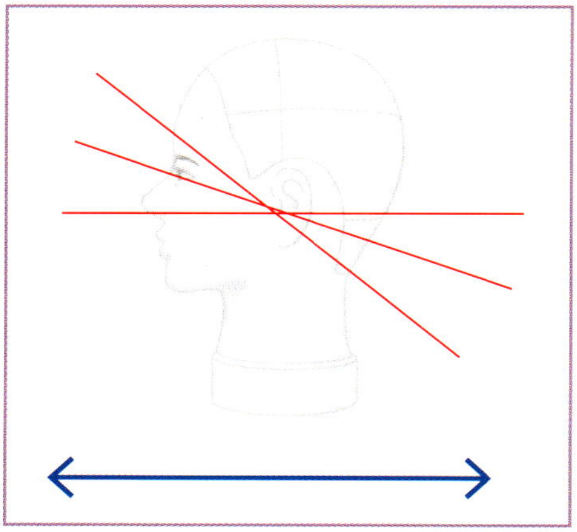

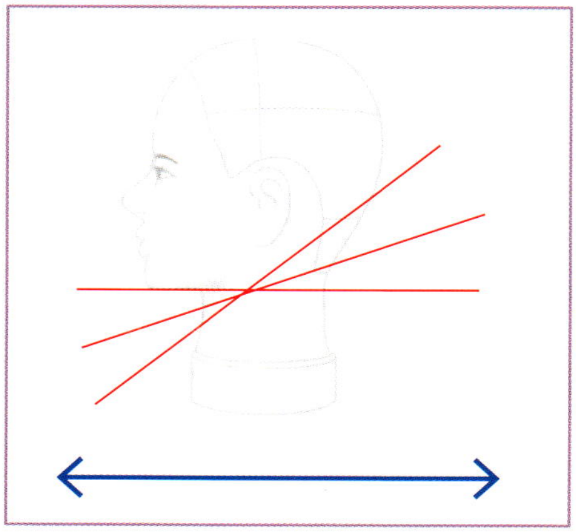

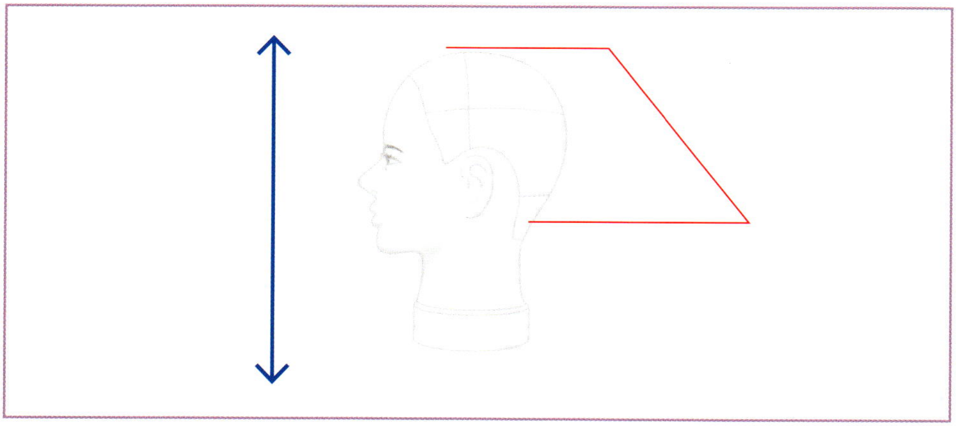

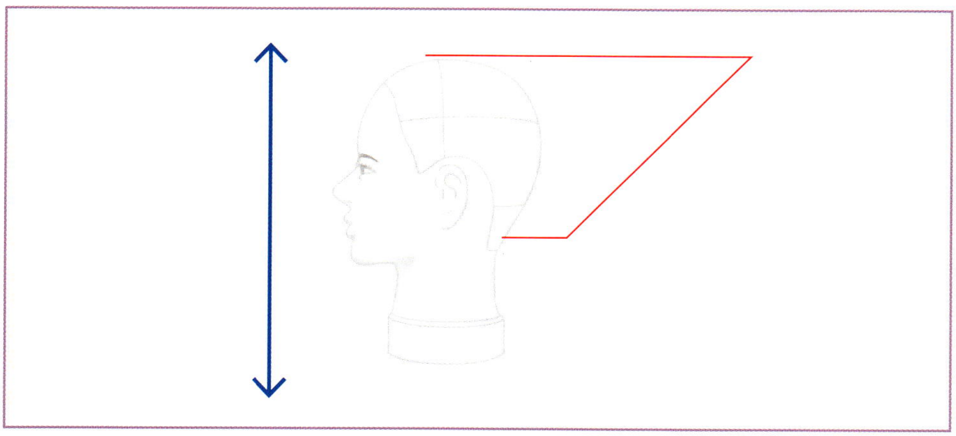

단차

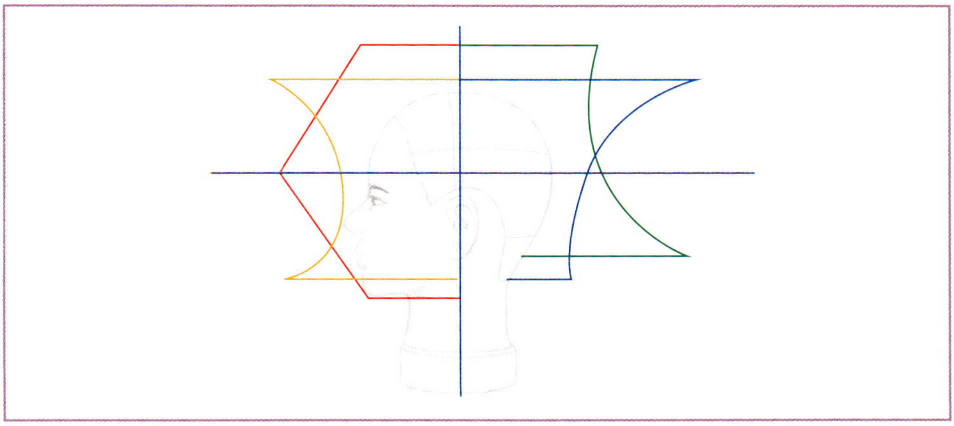

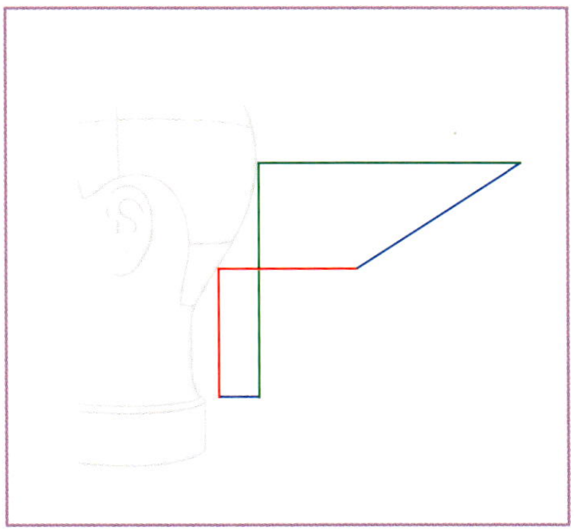

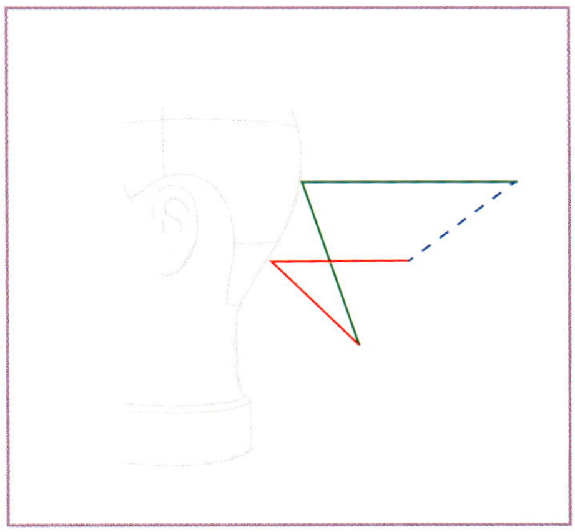

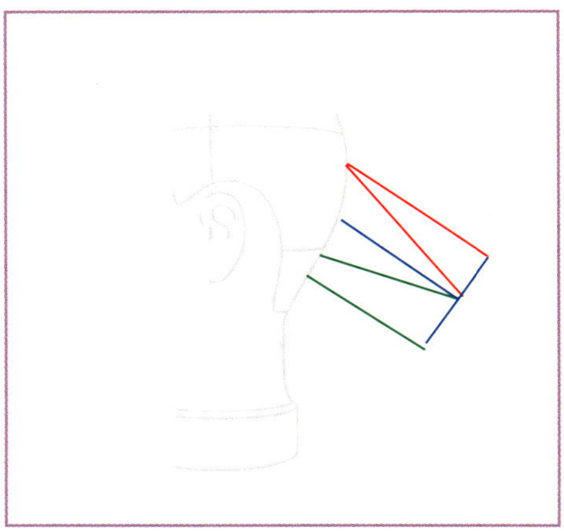

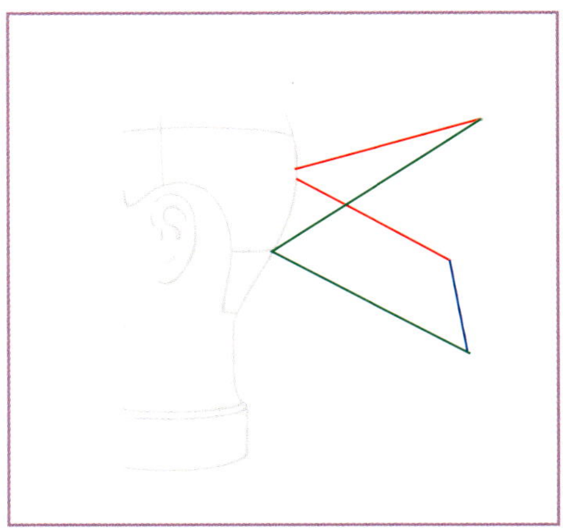

형태와 위치, 그리고 방향

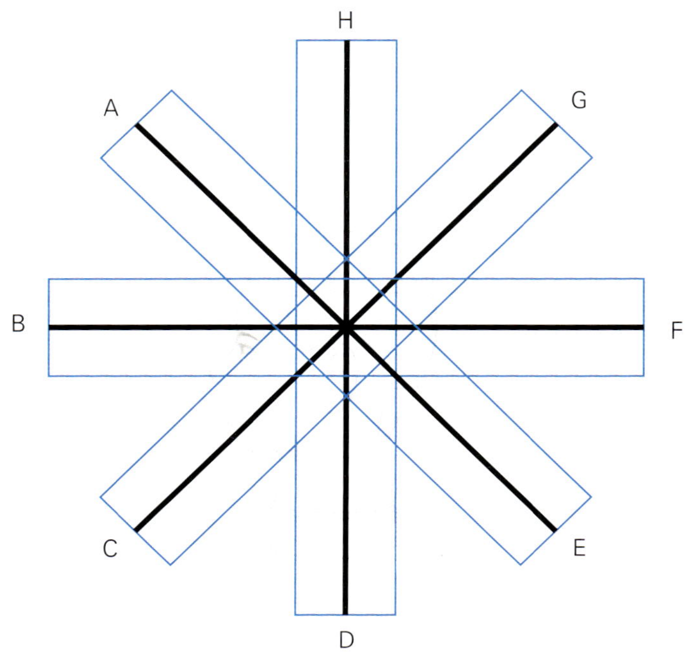

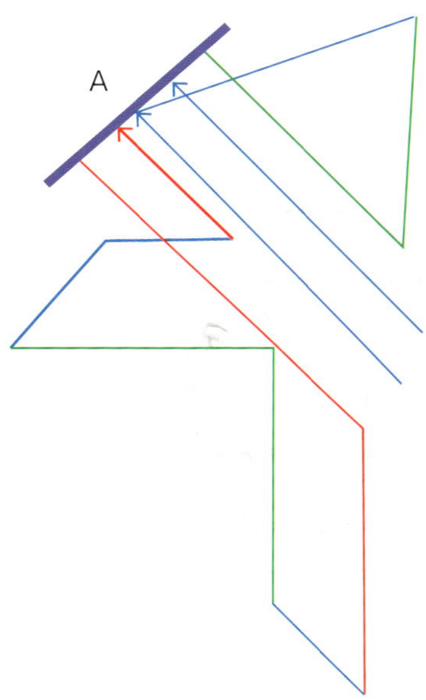

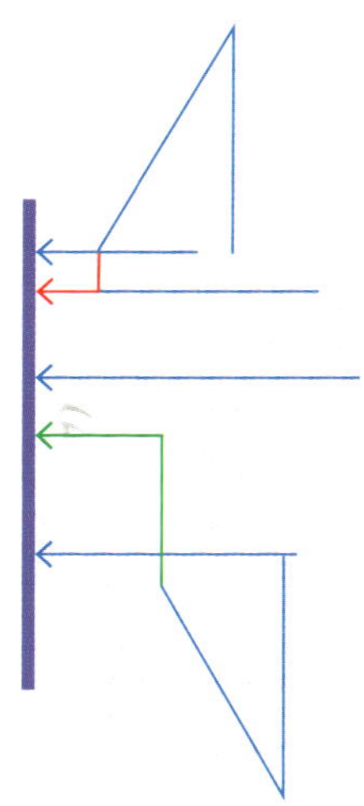

형태와 위치, 그리고 방향

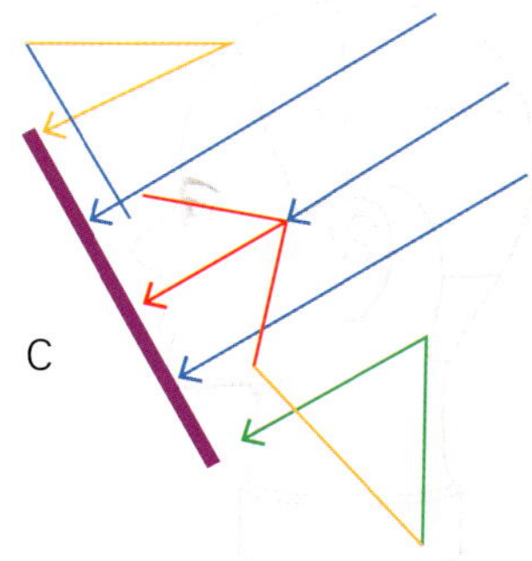

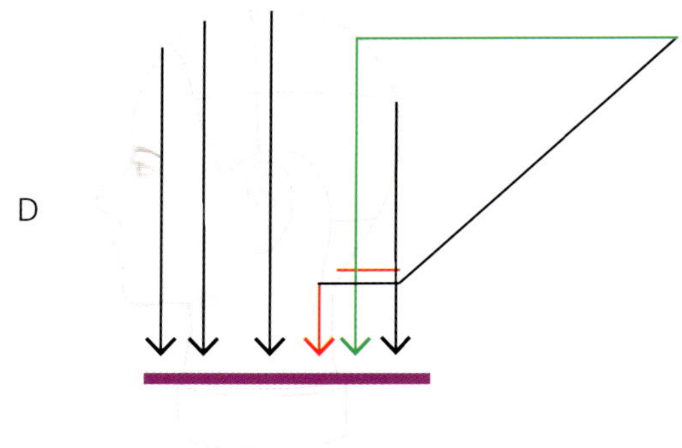

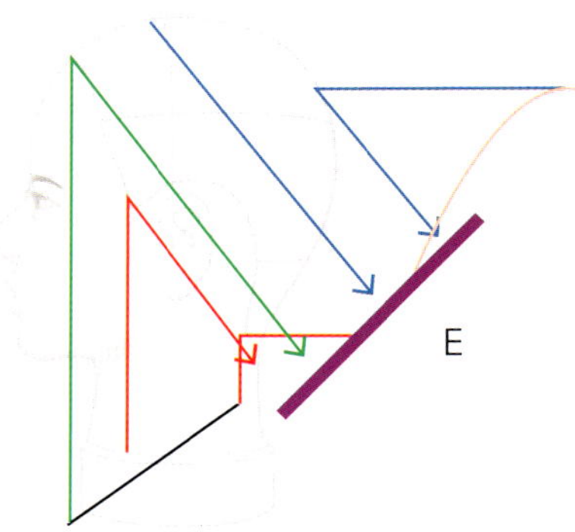

형태와 위치, 그리고 방향

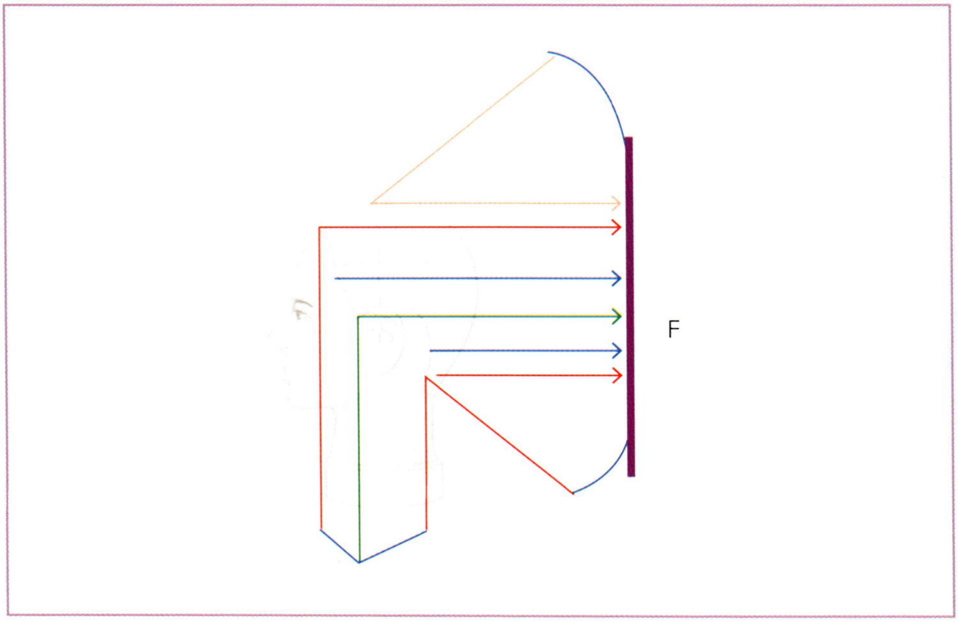

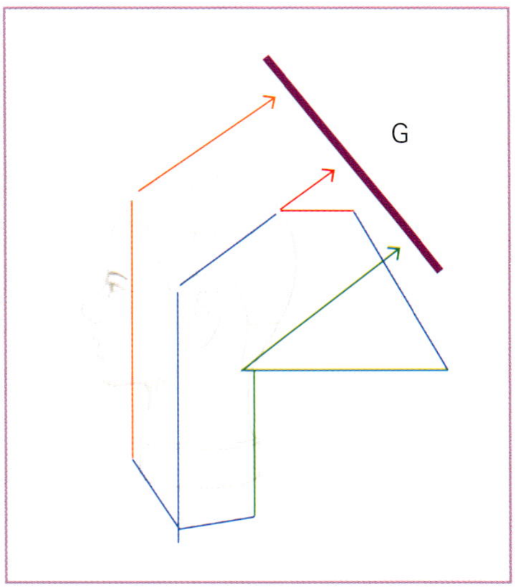

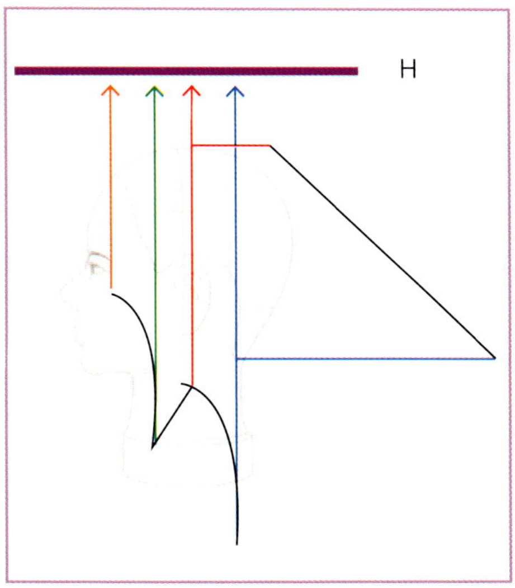

형태와 위치, 그리고 방향

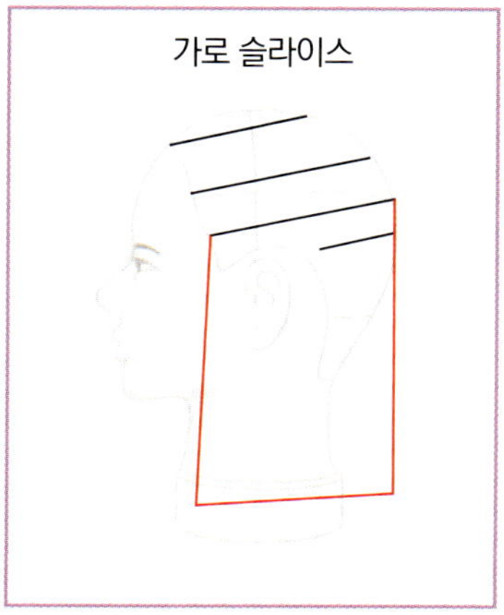

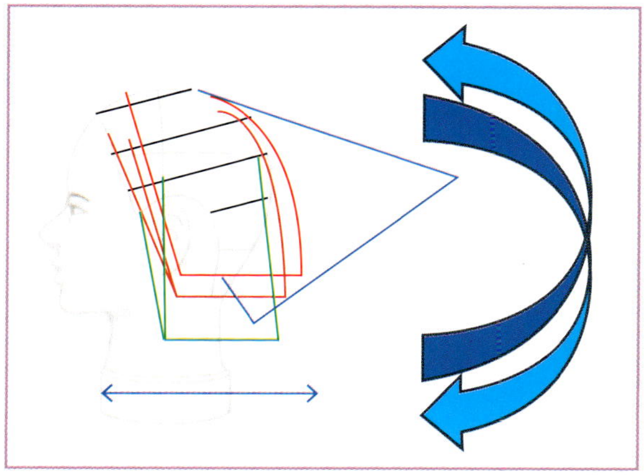

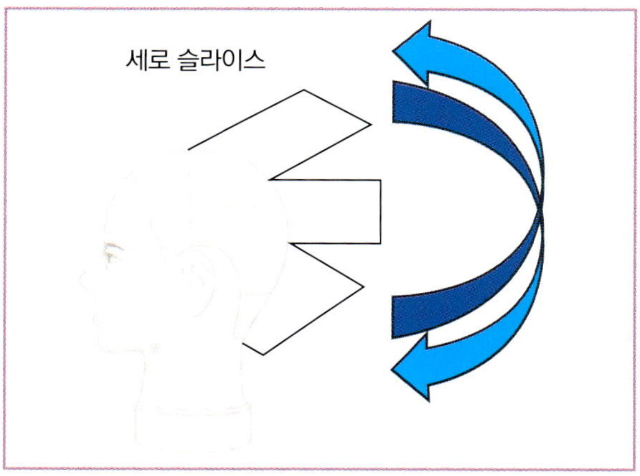

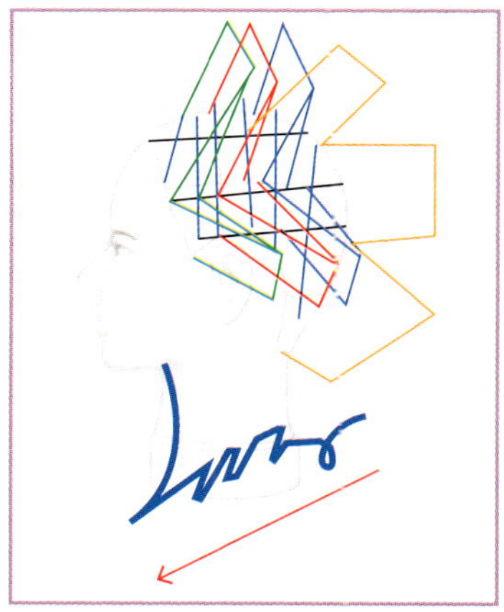

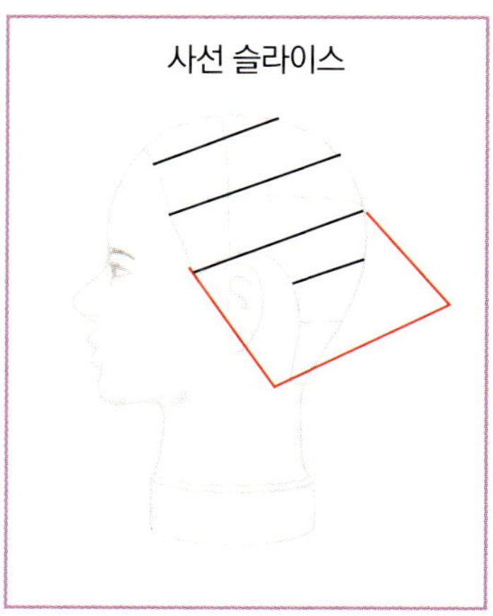

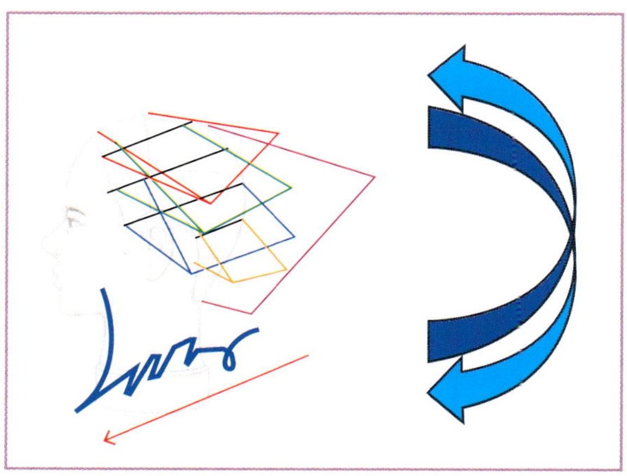

	세로 슬라이스	가로 슬라이스	사선 슬라이스	
프로세스	세로의 연결이 1차적으로 컷트되고, 오버다이렉션에 의해 가로의 연속(아웃라인)이 2차 적으로 발생	가로의 연결이 1차적으로 컷트됙호 리프팅에 의해 세로의 겹침(프로파일라인)이 2차적으로 발생	가로의 연속(아웃라인)과 세로의 겹침(프로파일라인)이 동시에 발생한다. 오보다이렉션과 리프팅의 효과를 동시에 사용한다.	능숙해질수록 “세로”로 컷트해도 “가로”로 컷트한 것 같은 결과를 내는 것. 또 “가로”로 컷트해도 “세로”로 컷트 한 것 같은 결과를 내는 것은 가능하지만, 특정의 목표가 없을 때는 모험적인 방법은 하지 않는 것이 좋다.
세로의 겹침(프로파일 라인)	가볍고 샤프해지기 쉽다.	무겁고 부드러워지기 쉽다.	중간	
가로의 연속(아웃라인)	가볍고 부드럽게 되기 쉽다.	단단하고 무겁게 되기 쉽다.	중간	
스타일과의 조화	레이어계의 가벼운 스타일에 적합하기 쉽다.	그래쥬에이션의 무거운 스타일에 적합하기 쉽다.	그래쥬에이션 중에서도 경쾌한 스타일. 레이어계 중에서도 무거운 스타일에 적합	

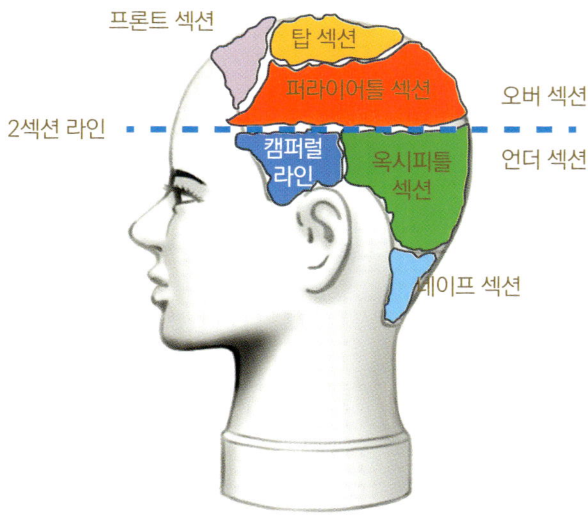

프론트 섹션(Front Section)

앞머리의 디자인을 만드는 섹션
얼굴형태와 이목구비의 조화에 중요한 영향을 준다.

탑 섹션(Top Section)

전체 디자인의 표면에 해당하는 섹션
디자인의 질감, 율동, 포름의 높이에 중요한 영향을 준다.

퍼라이어틀 섹션(Parietal Section)

머리의 윗 부분에 있으며 가장 넓은 표면적을 가지고 있으므로 디자인 전체의 포름, 양감, 질감, 율동에 큰 영향을 주는 섹션. 양감 조절의 포인트인 두개골의 돌출을 내포하고 있다.

템퍼럴 섹션(Temporal Section)

사이드의 아웃 라인의 형태와 질감을 형성하는 섹션

옥시피틀 섹션(Occipital Section)

표면에는 잘 보이지 않으며, 디자인 전체의 양감 조절 포인트가 되는 섹션 후두부의 돌출을 내포하고 있다.

네이프 섹션(Nape Section)

백의 아웃 라인 형태와 질감을 형성하는 섹션

12. 모발의 화학결합

아미노산이 결합하여 모발의 케라틴 단백질을 형성할 때 아미노산은 나선형으로 배치되는데, 긴 나선형의 단백질 고리는 연결 배치되며 4종류의 화학결합으로 형성된다.

1. 펩티드 결합 (세로결합, 주쇄결합)

- 아미노산이 세로로 연결될 때 위에 있는 아미노산의 카르복실기 끝과 아래쪽에 있는 아미노산의 아미노기 끝과의 결합을 말한다.
- 펩티드 결합이 일어날 때 카르복실기의 산소원자(O) 1과 수소원자 (H)1, 그리고 아미노기의 수소원자 (H) 1이 결합하여 물 분자 (H_2O)를 형성하여 방출된다.
- 펩티드 결합은 모든 단백질 분자의 중심이 되는 중요한 화학결합이다.

2. 수소결합 (가로결합, 측쇄결합)

- 모발은 많은 수소결합을 가지고 있다.
- 수소결합이란 2개의 원자 사이에 수소원자가 들어감으로서 생기는 약한 화학 결합을 말한다.
- 수소결합은 매우 약해서 열이나 수분에 의해 쉽게 끊어진다.

수소결합의 결합력이 약하긴 하지만 모발의 단백질에는 많은 수소결합을 가지고 있으며 이 수소결합들이 모여 모발을 형성한다. 모발에서 나오는 힘의 35%는 모발을 구성하고 있는 수백만개의 수소결합에서 비롯된다.

3. 염(이온)결합 (가로결합, 측쇄결합)

- 아미노산에 있는 음이온(-)과 양이온(+) 사이에 전기적인 인력에 의해서 이루어진 결합을 이온결합이라고 한다. 이온결합의 대표적인 예가 나트륨(Na)과 염소(Cl)의 결합으로 염화나트륨 (NaCl)의 생성이다. 그래서 이온결합을 염 결합이라고 한다.
- 모발의 저항성의 35%가 염 결합 때문이다.

4. 시스틴(이황화) 결합 (가로결합, 측쇄결합)

- 아미노산의 잔기(R)내에 황 원자 (S)를 포함하고 있는 것이 시스테인(-SH)이다.
- 시스테인이 가지고 있는 두 개의 황 원자사이에서 가로로 결합하는 것을 시스틴 결합(-S-S-)이라고 한다. 즉, 두 개의 시스테인이 결합하여 하나의 시스틴이 되는 것을 말한다.

- 시스틴 결합은 모발의 화학 결합 가운데 가장 강한 결합력을 가지고 있어서 모발의 안정성을 유지하는 역할을 한다. 반면에 시스틴 결합을 끊기 위해서는 물리적인 힘 이상의 화학적인 힘이 필요하다.

- 퍼머넨트 웨이브는 모발 내의 시스틴 결합을 끊었다가 다시 재 결합 시켜주면서 일어나는 화학작용이다.

13. pH의 정의

1. pH의 정의와 원리

- pH란 용액이 산성인지, 중성인지, 알칼리성인지를 말해주는 측정단위이다. 다시말해 물 가운데 수소이온이 어느 정도 들어 있는가를 수치로 나타낸 것이다.

- 물의 화학구조를 살펴보면 H_2O로 수소 2개와 산소 1개가 결합하여 만들어진 안정된 화합물이다.

- 한 방울의 물분자를 수소이온 (H+)과 수산이온 (OH-)으로 전리 (음이나 양이온즉 전기적인 성질을 갖도록 분해 시키는 것) 시킬 수 있는 비율은 $1/10_7$이다.

- 물분자 하나가 전리되어 똑같은 수의 수소이온과 수산이온이 된 경우를 pH7(중성)으로 약속한 것이다.

2. 이온, 산성, 중성, 알칼리성

- 보통 음이온, 양이온, 수소이온 (H+)또는 수산이온(OH-)이라고 말한다. 이온은 전기를 띈 원자 또는 원자의 집합체이다.

- 원자는 세 개의 작은 미립자 즉 양성자, 중성자, 전자로 구성되어 있다. 양성자는 양전하 미립자이고, 중성자는 전하가 없고, 전자는 음전하 미립자이다.

- 수소이온은 양전하이므로 H+로 표시하고 수산이온은 음전하이므로 OH-로 표시한다.

- 어떤 용액에 수소이온을 더 많이 포함있으면 그 용액은 산성이 되고 반대로 수산이온을 더 많이 포함하면 알칼리성이 된다. 그리고 물처럼 양과 음의 이온이 똑같이 포함되어 있으면 중성이 된다.

3. pH 측정

- pH는 보통 pH meter기를 이용하여 측정된다.

- pH meter기를 나타나는 눈금자는 7을 중심으로 0에서 14까지의 숫자로 나타난다.

- 7보다 낮은 수는 산성, 7보다 높은 수는 알칼리성을 나타낸다.
- 각 단계 또는 숫자의 10배의 배수로 증가한다. pH6은 중성인 7보다 10배 높은 산성이다. 눈금자의 가장 왼쪽은 중성인 7보다 1,000만배 산성인 pH0이다.
- 눈금자의 가장 오른쪽은 7보다 1,000만 배 알칼리성인 14이다.
  그러므로 pH 수치의 적은 변화로도 모발에 미치는 영향은 크게 나타난다.

4. 모발, 피부, 두피의 pH

- 모발, 피부 그리고 두피의 평균 pH는 4.5에서 5.5사이에 측정된다.
- 피부나 모발의 경우에는 표면에 있는 땀과 피지의 혼합물인 피지막 즉 산성막이 존재하기 때문에 측정이 가능하다.
- 산성막은 모발, 피부, 그리고 두피를 최적의 조건으로 유지시키는 역할을 하지만 알칼리 퍼머넨트 약제, 스트레이트 약제, 염, 탈색제와 같이 pH도가 높은 제품을 모발에 사용했을 때 그 손상도 역시 증가된다. 따라서 모발에 이러한 약제를 처리했을 경우 시술이 끝나면 약산성 밸런스를 회복시켜주는 것이 모발 손상을 줄여주기 위해 반드시 필요하다.

5. pH가 모발에 미치는 영향

- 강산성 또는 강 알칼리성 용액속의 모발은 팽창한다. 왜냐하면 강알칼리성 용액은 많은 음이온을 생성하는데 여기에 모발을 담그면 모발의 케라틴어 있는 양전하를 뺏기게 되어 음전하만 많이 남게 된다. 그 결과 모발 내 케라틴 단백질의 남은 음전하들이 서로 밀어내기 때문에 모발이 팽창한다.
- 반대로 모발을 강산성 용액에 담그게 되면 강산성 용액은 많은 양이온을 생성하게 되므로 모발의 케리틴이 이런 양전하를 흡수하게 되어 단백질의 모든 양전하들은 서로 밀어내기 때문에 마찬가지로 모발이 팽창한다.
- 팽창하는 것은 약해지는 과정이다. 젖은 모발이 팽창하는 것은 단백질 사슬이 서로 강하게 끌어당기지 않기 때문이다.

14. 펌의 화학적 이론

1. 펌의 원리

1액이 간층물질을 연화 → 와인딩 → 컬이 만들어진 상태에서 2액이 고정

1액의 화학작용은 환원, 2액의 화학작용은 산화이다.
환원이란 수소(H)를 공급해주는 반응 → 1액은 수소를 방출하는 약제이므로 환원제라고 한다.

산화란 산소(O)를 공급해주는 반응(수소를 빼내는 반응)

→ 2액은 산소를 방출하는 약제이므로 산화제(중화제, 뉴트럴라이저)라고 한다.

2. 펌제 안의 알칼리제의 역할

모피질 내의 시스틴 결합을 환원제라는 물질로 일시적 절단을 시켜 시술자가 원하는 화학시술의 결과가 나오는데 환원제 성분은 고분자 결정으로서 스스로는 모피질 내부로 침투할 수가 없어 피질 내부로 환원제를 넣을 수 있는 공간을 확보해 주는 팽윤 작용을 함.

* 모발의 팽윤을 유도하고 환원제 침투를 도움. 잔류 시 모발 손상의 주원인.

3. 알칼리제의 종류와 특징

종류별	알칼리제	특징
암모니아	암모니아	* 높은 휘발성 * 저농도로 높은 pH를 얻을 수 있다. * 분자가 작아 모발 침투성이 좋다. * 자극취가 아주 심하나 모발에 손상은 적다.
아민류	모노에탄올아민	* 불화성으로 잔류가 높다. * 높은 pH를 얻을 수 있다. * 팽윤이 높다.
	트리에탄올아민	* 약한 유기 아민 * 무자극성 알카리. * 분자가 크다.
염기성 아미노산 (알칼리성)	알기닌	* 알칼리를 나타내는 아미노산 * 잔류에도 손상이 적다. * 특이한 냄새가 난다. * 팽윤성이 낮다. * 모발과의 친화성이 높은 알칼리제

4. 환원제의 종류와 특징

종류별	특징	비고
치오글리콜산	* 단독으로는 산성(pH 약 1.5)이다. * 일반적으로 알칼리로 중화해서 사용한다.	(의약부외품)
L-시스테인	* 중성의 아미노산으로 모발을 구성하고 있는 아미노산과 동일하다. * 산화되어 시스틴을 생성하기 쉽다.	(천연아미노산)
DL-시스테인	L-시스테인보다 시스틴을 생성하기 어렵다.	(의약부외품)
염산시스테인	L-시스테인,DL-시스테인을 생성하는 전단계의 시스테인 염산염을 중화해야만 하기 때문에 알칼리제를 과잉으로 사용하는 단점이 있다.	(의약부외품)
시스테아민	산성에서도 작용한다. 팽윤도의 정도는 적지만 침투력은 강하다. 치오나 시스테인보다 분자량이 적어서 침투하는 힘이 강하다. 환원력이 강하다.	(화장품등록)

5. 산화제의 종류와 특징

구분	브롬산나트륨	과산화수소
산화작용	약함	강함
pH	5에서 6	2.5에서 3.5
처리시간	길다(10에서 20분)	짧다.(5에서 10분)
탈색/변색	없다	많다
모발손상	적다	크다

6. 중간린스의 효과

- 2액을 처리하기 전에 중간 린스를 함으로써 모발에 남아 있는 치오글리콜산을 제거하여 모발 손상을 줄일 수 있다.

- 중간린스에 의한 pH의 저하와 산화의 관계 :
  중간린스를 하지 않고 알칼리성인 채로 2액을 처리하면 산화과정이 늦어지므로 2액을 처리하기 전에 pH를 원래의 상태로 복원시키기 위해 중간린스를 하되 가급적 약산성으로 린스를 하는 것이 바람직하다.

15. 펌 시술에 필요한 준비

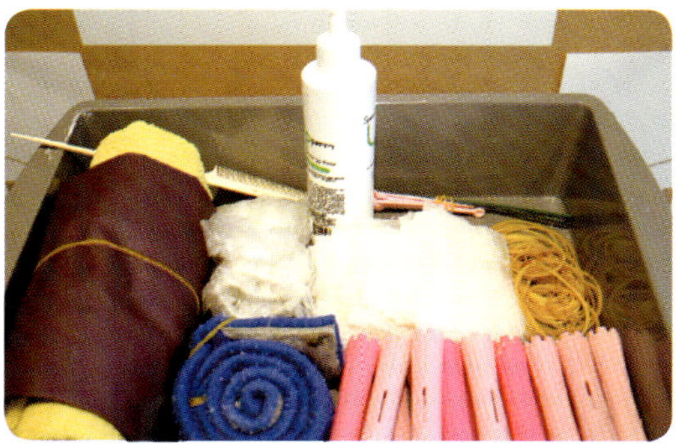

일반펌

퍼머보, 타올, 헤어밴드, 펌제(1제),
파지, 고무줄, 롯트, 꼬리빗, 스틱

열펌

퍼머보, 타올, 헤어랩, 펌제(1저),
염색볼, 붓, 꼬리빗, 핀셋

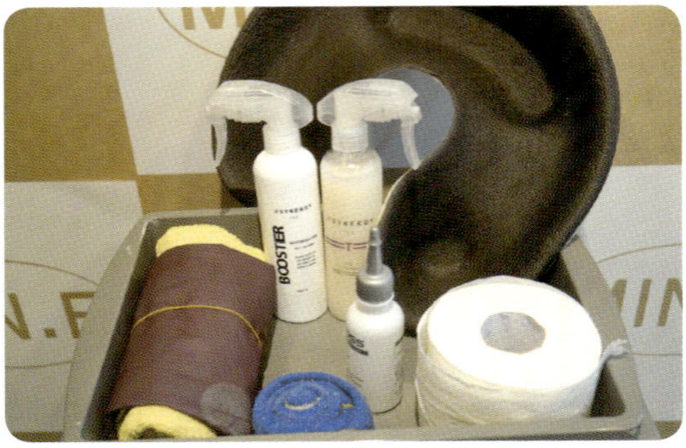

중화

퍼머보, 타올, 중화받침대, 중화제(2제), 헤어밴드, pH조절제

모발케어

미네랄 전처리제, 수분유도제, pH조절제, 유분 후처리제

16. 펌 디자인 이론

이 장에서는 펌 디자인 이론을 통해 실습을 할 수 있도록 시술 순서를 세부적으로 표현했다.

1. 일반 와인딩(가로 와인딩)

   벽돌쌓기

2. 세로 와인딩

   사선 와인딩

3. 발롱 와인딩(장롯트 가로 와인딩)

4. 디지털 펌

5. 셋팅 펌

1. 일반와인딩(가로 와인딩)

롯트의 크기만큼의 양을 빗질한다.

텐션있는 당김성을 유지

파지(페이퍼)를 대입

모발의 끝부분까지 고르게 당겨서 롯트를 감는다.

롯트를 감는 과정에서의 텐션을 유지한다.

텐션이 유지된 상황에서 두 손을 이용하여 탄력있게 감아넣는다.

밴드를 적용, 대입 시 모발을 최대한 당기지 않도록 롯트를 고정하고 밴드가 두피에 가까운 모발을 자극하지 않도록 주의한다.

균일한 것도 중요하지만, 두피각도의 정확성과 길이 및 커트 디자인에 따른 롯트 선정. 각도 보정을 돕고, 밴드의 자극을 줄이기 위해 스틱(꽂이)을 이용한다.

벽돌쌓기

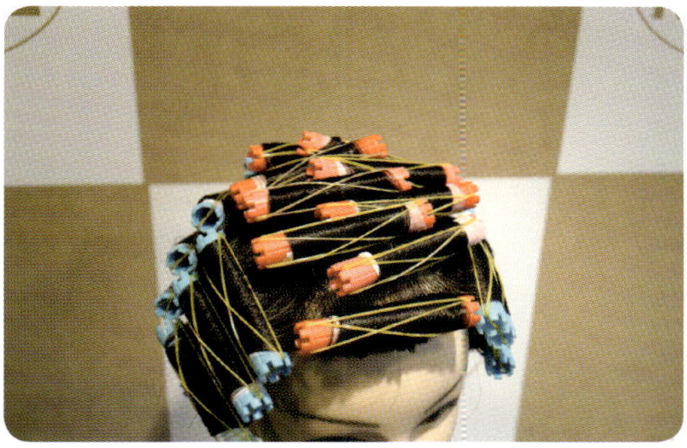

상단의 볼륨감을 최대한 살리기 위해 적용하는 이 디자인 시술은 50대 이상의 사모님 고객을 대상으로 진행하며, 상단의 가로 와인딩을 촘촘히 좌우로 교차하면서 갈라짐이 많은 탑포인트를 보완하며 강하고 탄력있는 컬을 부여한다. 일반 와인딩(가로)에 비해 더 많은 롯트 수가 들어가기 때문에 시간이 더 소요된다는 점이 최대의 단점이다.

완성 작품

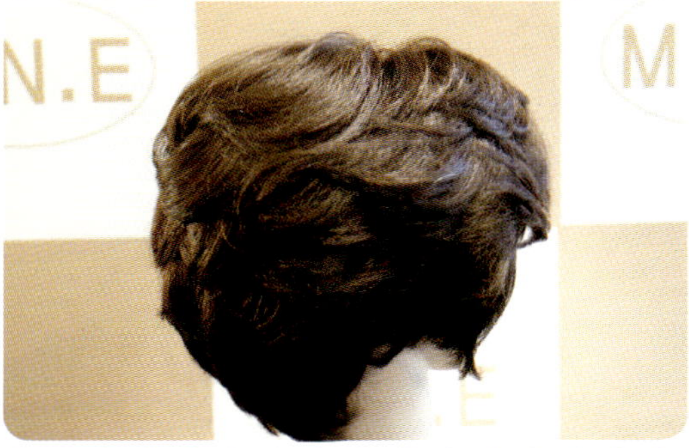

2. 세로 와인딩

롯트 크기의 세로 섹션을 텐션있게 잡는다.

파지(종이 페이퍼)를 대입한다.

이때, 파지 (종이 페이퍼)는 모발을 최대한 안정감있게 감쌀 수 있게 한다.

롯트를 대입할 때, 모발은 롯트의 하단부터 시작

텐션을 유지하며, 감아 넣는다.

와인딩 시 큐티클의 정리를 위해 꼬리 빗을 이용해 깔끔하게 말아 넣는다.

상하, 좌우에 균일함을 유지하고 롯트의 위치를 안착시킨다.

롯트는 두피에서 0.5cm정도를 남겨둔 상태 가지 와인딩을 한다.

밴드 대입 및 적용 시 롯트 각도를 유지한다.

세로 와인딩은 중력의 영향을 많이 받는 디자인이기 때문에 상단이 무거운 원렝스 디자인보다는 층(단차)이 많은 그래쥬에이션 및 레이어 디자인에 적합하며, 이는 방향성을 가지고 있어 좌우 밸런스 및 고객 손질, 이미지에 따라 앞뒤 방향을 정한다.

사선 와인딩

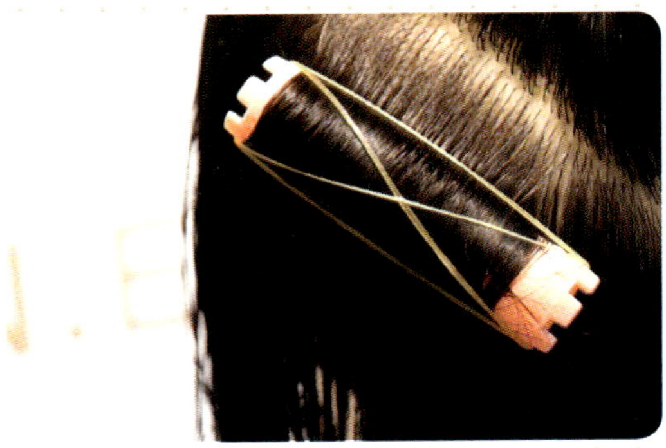

사선 와인딩은 세로 와인딩과 가로 와인딩의 중간결과를 가지고 있기 때문에 볼륨감과 방향성을 동시에 갖는다. 적용 디자인은 층(단차)이 없는 원렝스 디자인보다는 층(단차)이 있는 그래쥬에이션 혹은 레이어 디자인에 적합하다.

세로&사선 와인딩 디자인은 가로 와인딩 디자인에 비해 중력의 영향을 많이 받기 때문에 유지 기간이 떨어진다. 모발 길이와 곱슬기 정도에 따라 롯트 선정을 하며, 펌제(1제)를 이용해야 한다.

완성 작품

3.발롱 와인딩 (장롯트 가로와인딩)

디자인의 가로 면을 롯트 길이에 맞게 잡아
섹션을 정하고, 장파지(긴 파지)를 대입한다.

장롯트를 대입 시 가로면의 시작을 롯트 끝부
분으로 맞춘다.

모발 끝부분부터 가로면을 고르게 와인딩한다.

와인딩 각도는 45도에서 60도가 적당하다.

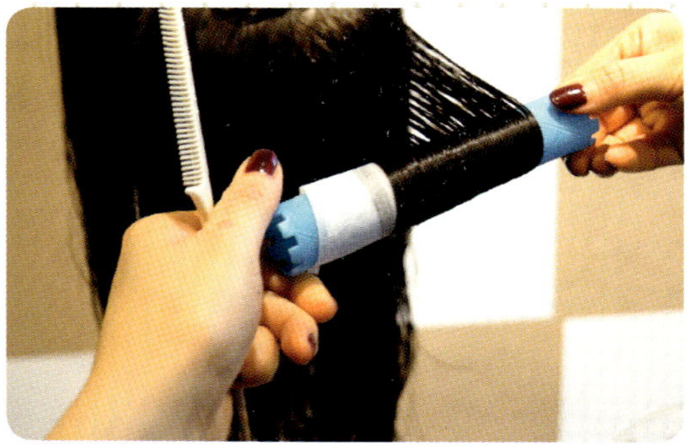

장롯트의 좌우 길이에 따라 두상 전체에
4등분 정도 적용된다.

일반롯트에 비해, 크기와 길이가 크고 길기 때
문에 롯트가 한쪽으로 쳐질 수 있다.

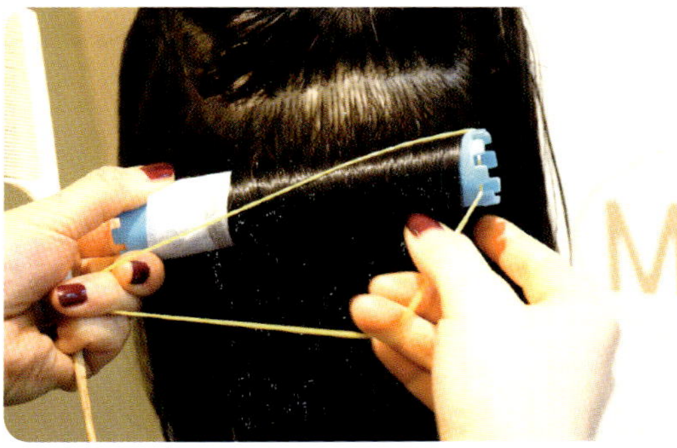

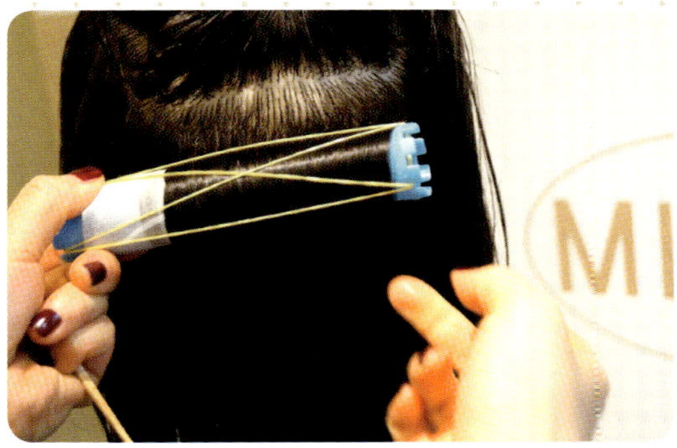

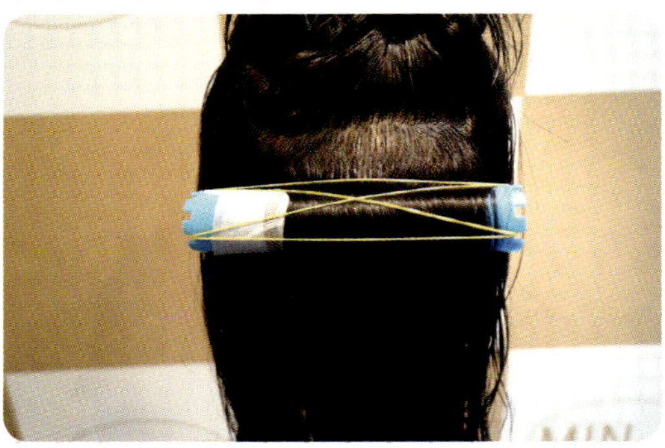

물결 웨이브라는 이 발롱 디자인은 장롯트를 이용한 가로 와인딩이 중심이 된다. 층(단차)가 있는 디자인과 없는 디자인 모두에 적용 가능하지만, 미적 디자인을 고려한다면 원렝스에 가까운 층(단차)이 없는 디자인이 대입되는 것이 좋다.

완성 작품

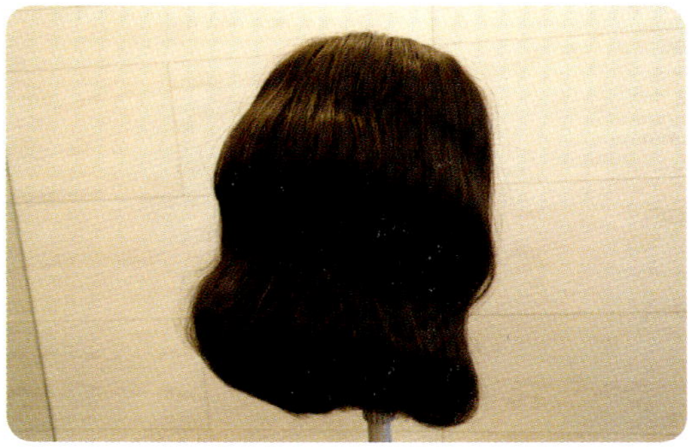

4.디저털 펌

디지털 와인딩은 고온을 이용하기 때문에 파지(종이 페이퍼)를 2장 대입한다.

디지털 와인딩 시에는 롯트 크기에 맞춰 섹션을 나누는 것이 아니라, 모량과 커트 디자인에 따라 섹션의 크기와 방향을 선정하여 대입한다.

디지털 롯트에 고온이 적용되기 때문에 두피 가까이까지 와인딩을 하지는 않는다.

고온에 두피가 상하지 않도록 부직포를 대입한다.

모발을 부직포로 감싸면 열 전달 시 스분이 날라가는 부분을 최소화할 수 있다.

부직포 위로 밴드를 대입시키면 밴드 자국이 나지 않는다.

롯트의 크기가 크면 무게감 때문에 두피 가까이 처지게 된다.

그래서 롯트의 크기가 크면 부직포를 여러장 겹쳐 대입시킨다.

모발의 양에 따라 고정을 위해 집게를 이용해 안착시킨다.

디지털 롯트의 양이 많아지면 탄력있는 컬을 만들 수 있는 반면 롯트의 무게감 때문에 시술받는 고객은 불편을 호소할 수 있다.

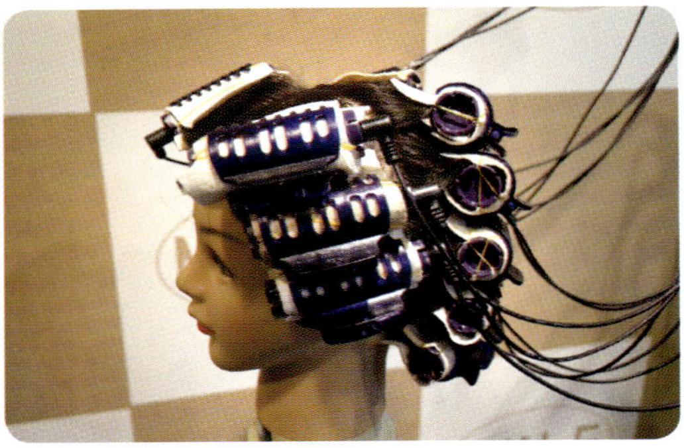

열선을 연결한 후 열이 정확히 들어왔는지 확인해야 한다.

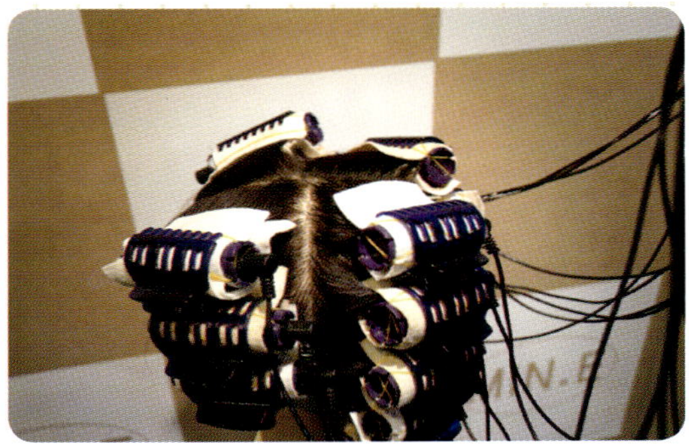

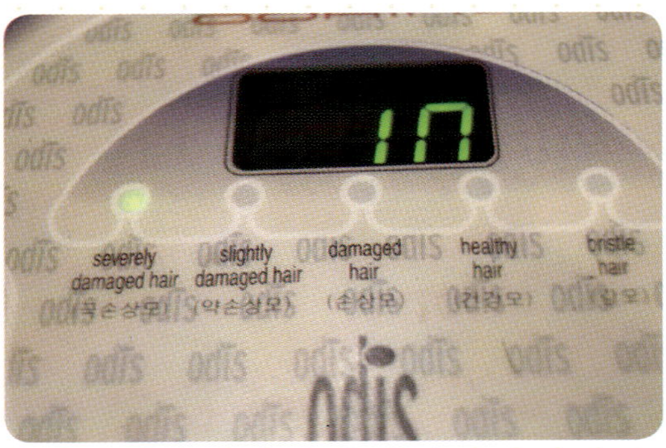

극손상모, 손상모, 약손상모, 건강모, 강모 등 모발상태에 따른 온도차이 발생

5. 셋팅 펌

셋팅펌의 섹션은 디지털 펌의 섹션보다도 크게 진행한다.

셋팅펌 롯트의 크기와 모발의 양을 고려하여 섹션을 타고 파지 대입

180도 가까운 고온이기 때문에 모발 보호를 위해 헤어마스크를 이용한다.

와인딩 시 "면말기" 기법으로 균일하고 텐션있게 작업한다.

셋팅펌 롯트가 두피 가까이 가지 않도록 특별한 주의가 필요하다.

모발의 수분 증발을 막고 고온으로부터 두피를 보호하기 위해 부직포를 이용한다.

집게를 이용해 부직포를 고정하고, 열선 집게를 연결한다.

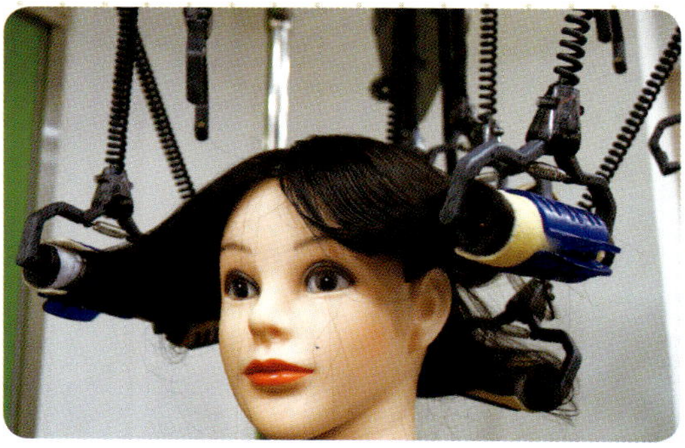

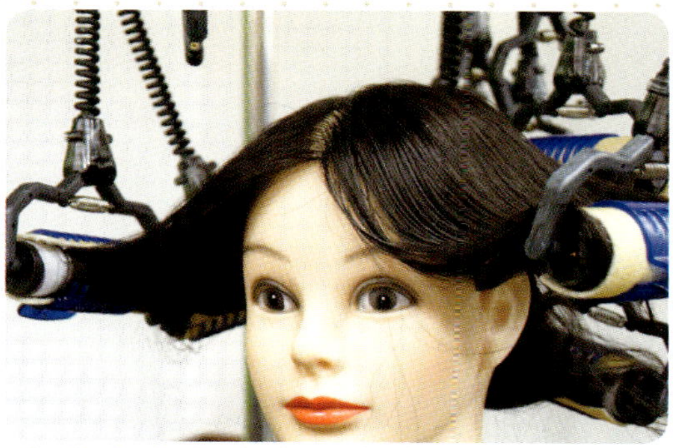

셋팅펌은 긴 기장에서 최고의 아름다움을 표현하는 반면, 짧은 기장에서는 시술하기 어렵다. 그때는 롯트의 크기가 작은 디지털펌을 이용한다.

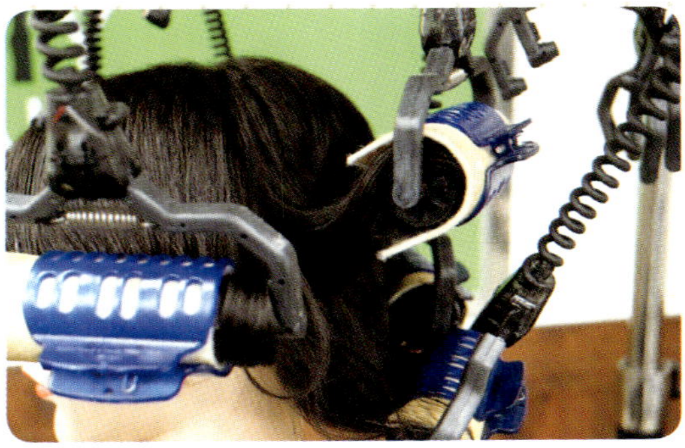

셋팅펌은 롯트와 롯트 사이의 간격을 적당히 두고 고온의 롯트가 두피에 닿지 않게 각별히 주의한다.

롤스트레이트는 두상각에서 90도 이상의 빗질을 이용해 볼륨감을 표현한다.

모발의 끝부분을 정갈하게 정리하여 파지(종이페이퍼)에 대입한다.

텐션있게 롤을 말아 넣는다. 이때 좌우로 흔들리지 않게 주의한다.

롤의 안착은 두상각에서 90도 이상으로 자리 잡게 된다.

밴드처리는 롤의 크기에 따라 달라지지만, 가급적 볼륨감이 처지지 않도록 단단하게 마무리한다.

두피의 볼륨감을 유지 및 고정시 키기 위해 분말팩(밀가루)을 쓰기도 한다.

롤과 롤 사이의 간격을 최소화하고, 꽂이를 통해 각도가 처지는 부분을 제어한다.

완성 작품

콜드이온 시술 과정

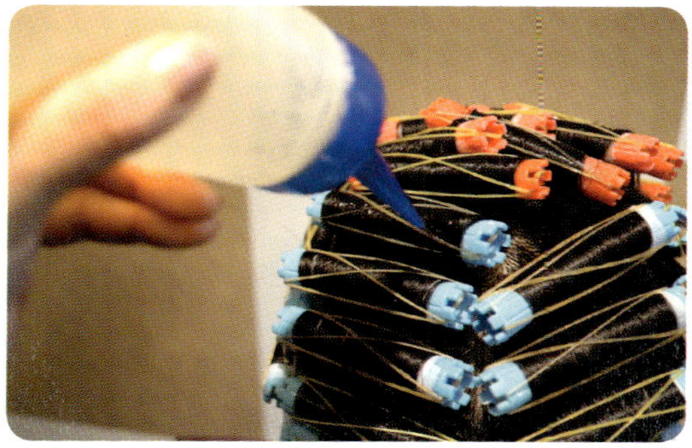

와인딩 후 펌제(1제)도포
* 두피에 닿지 않게 주의

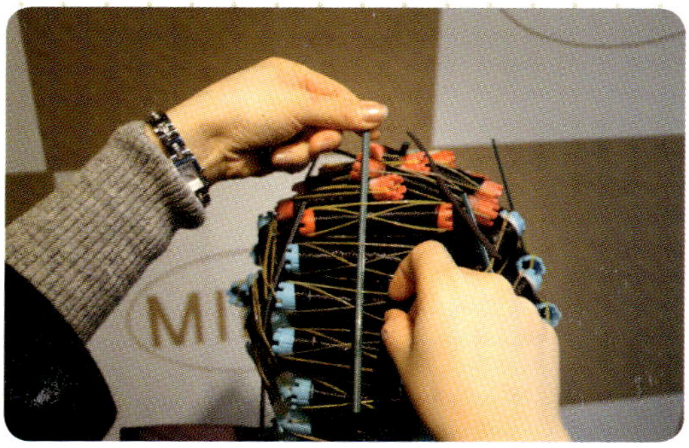

꽂이를 이용해 단단하게 고정
*밴드의 가장 윗부분에 꽂이 이용

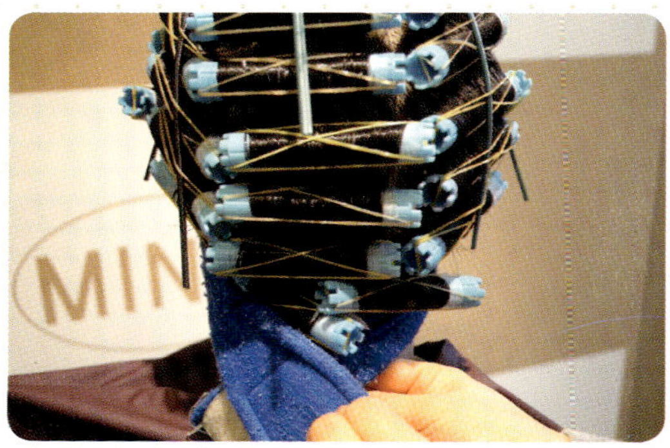

헤어밴드를 이용해 약액이 흘러내리지 않도록 주의

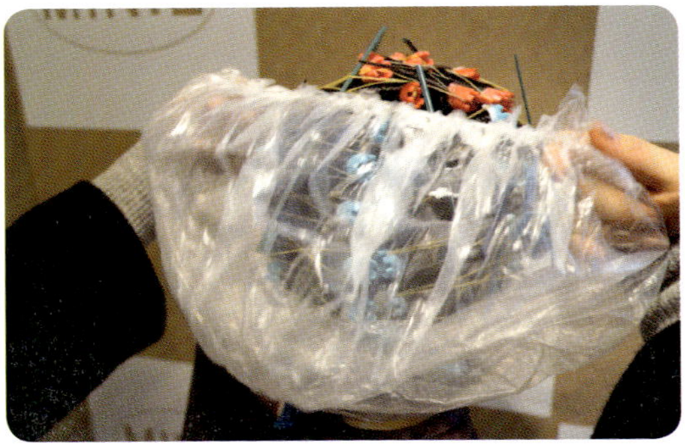

펌제(1제)의 가온 및 온도유지를 위해 비닐캡 사용

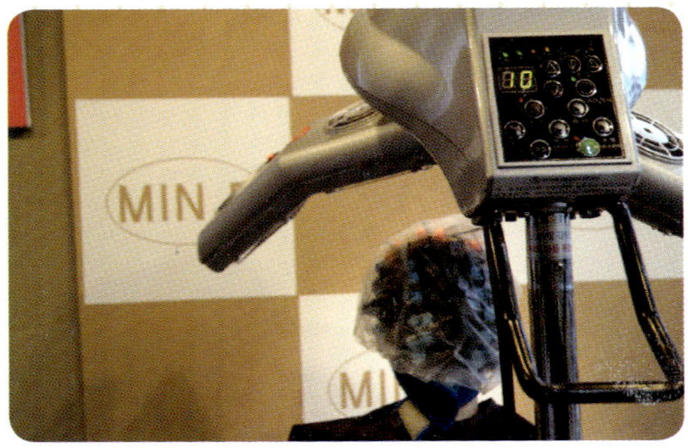

모발 상태에 따라 온도 및 시간을 조절

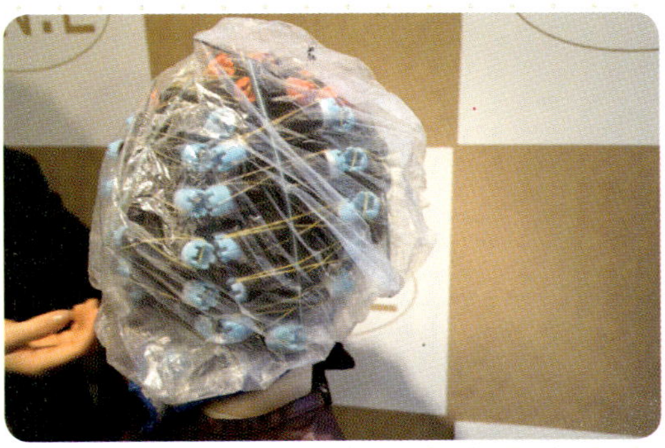

가온처리가 끝나면 자연 방치 시간

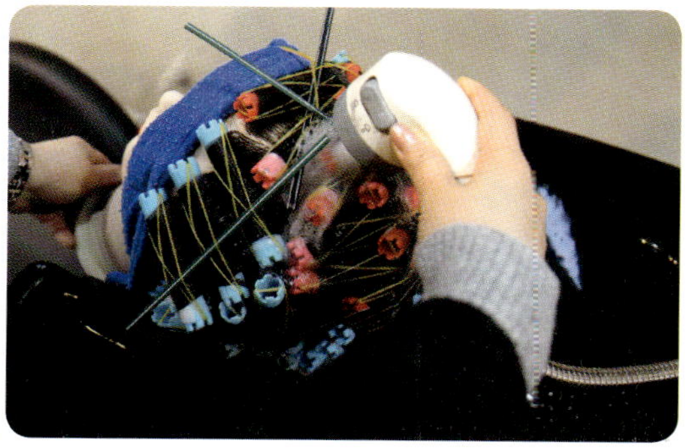

자연 방치 후 세척 중화로 PH를 낮추고, 펌제 (1제)의 잔여물을 제거

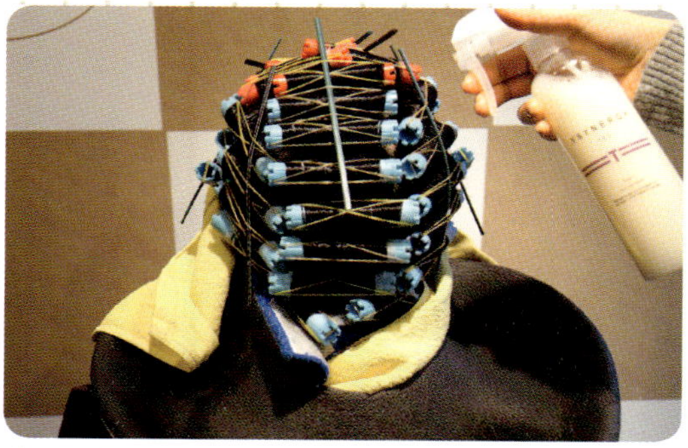

유실된 수분을 보충하기 위한 중간처리제 도포

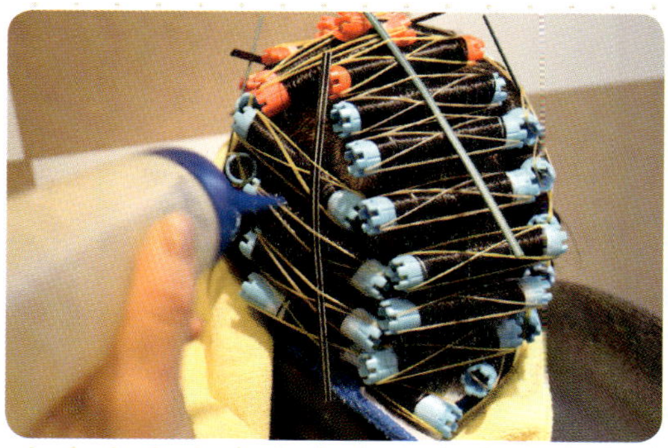

중화제(2제) 도포 후 마무리

히팅이온 시술 과정

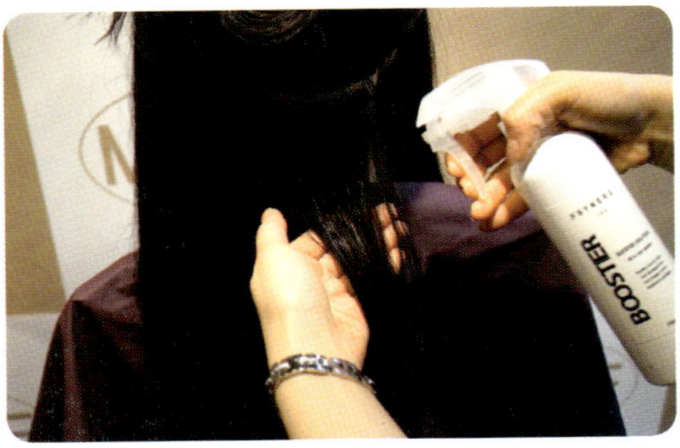

기존 손상모 구역에 아미노산 공급(1차 공급)

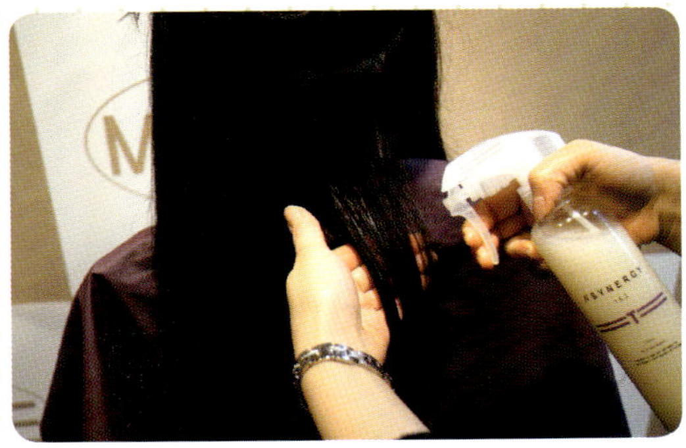

2차 공급으로 유실된 수분 공급

펌제(1제) 도포 시 신생모와 손상모를
구분하여 적용

펌제(1제) 도포 시 약액의 양이 전체 골고루 맞아야 한다.

가온 처리와 보온을 위해 비닐 랩을 이용

모발 상태와 약액의 성능에 따라 온도 및 시간 조절

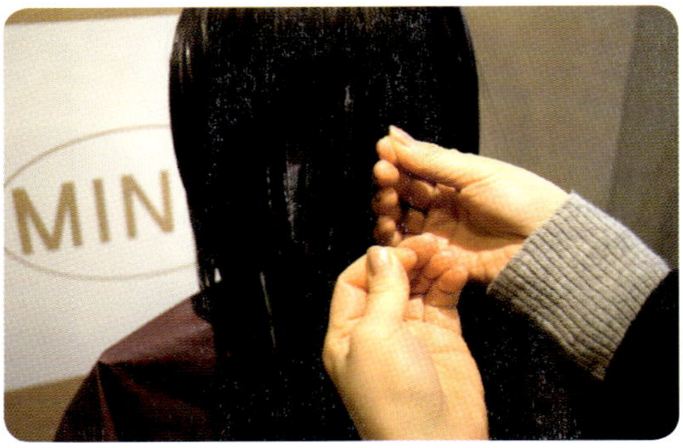

열처리와 저연처리를 한 후 모발에 "연화 테스트"를 진행

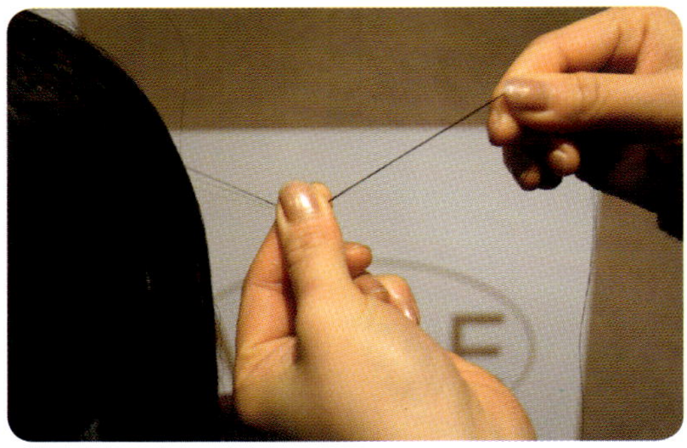

당김성을 가지고 모발의 "연화"정도를 판단

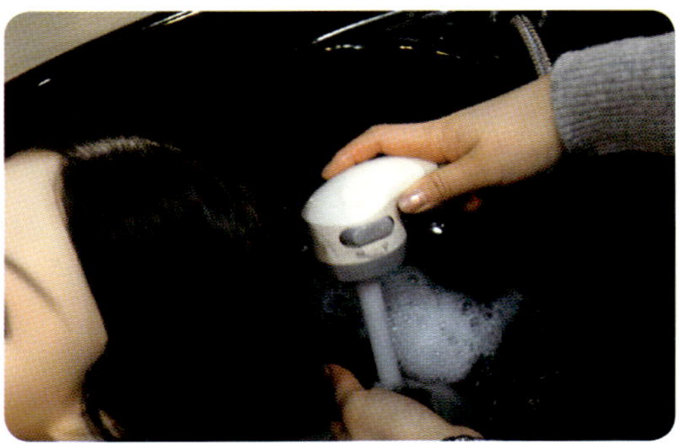

테스트가 끝나면 온수로 펌제(1제)를 깨끗이 씻는다.

수분이 10%있는 정도에서 와인딩 진행

저자 약력

김세욱 안산대학교 뷰티아트과 학과장
조 민 안산대학교 계약학과 뷰티아트과 교수
현경화 서정대학교 피부미용과 학부장

기본 퍼머넌트 정석

2013년 3월 1일 초판 인쇄
2013년 3월 5일 초판 발행

저 자 김세욱 조 민 현경화
발 행 인 조규백
발 행 처 도서출판 구민사
(150-034) 서울특별시 영등포구 영등포4가 104-1번지 동서빌딩 604호
전 화 02.701.7421~2
팩 스 02.3273.9642
홈페이지 www.kuhminsa.co.kr
등 록 제14-29호(1980년 2월 4일)
ISBN 978-89-7074-740-8 93150
값 21,000원